# 人类进化漫谈

The Story of Inventions: Man, the Miracle Maker

［美］亨德里克·威廉·房龙 ◎ 著

宫维明 ◎ 译

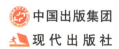

中国出版集团
现代出版社

图书在版编目（CIP）数据

人类进化漫谈/（美）房龙著；宫维明译.-- 北京：现代出版社，2016.3（2023.9重印）
（房龙真知灼见系列）
ISBN 978-7-5143-4535-3

Ⅰ.①人… Ⅱ.①房…②宫… Ⅲ.①人类进化－青少年读物 Ⅳ.①Q981.1-49

中国版本图书馆CIP数据核字(2016)第024277号

## 人类进化漫谈

| 著　　者 | （美）亨德里克·威廉·房龙 |
|---|---|
| 译　　者 | 宫维明 |
| 责任编辑 | 周显亮　袁子茵 |
| 出版发行 | 现代出版社 |
| 地　　址 | 北京市安定门外安华里504号 |
| 邮政编码 | 100011 |
| 电　　话 | 010-64267325　010-64245264（传真） |
| 网　　址 | www.1980xd.com |
| 电子信箱 | xiandai@vip.sina.com |
| 印　　刷 | 永清县晔盛亚胶印有限公司 |
| 开　　本 | 700mm×1000mm　1/16 |
| 印　　张 | 10 |
| 版　　次 | 2016年4月第1版 |
| 印　　次 | 2023年9月第5次印刷 |
| 书　　号 | ISBN 978-7-5143-4535-3 |
| 定　　价 | 58.00元 |

版权所有，翻印必究；未经许可，不得转载

远古时代，在人们的眼中，万物看起来都很简单。

大地是宇宙的中心，蓝天是一个漂亮的大玻璃盖。

夜晚，调皮的小天使们偷偷地从玻璃盖里探出头来，这就是满天繁星。

但有一天，一位探险家带着一个3便士买来的望远镜，爬上塔顶，对着天空眺望了半天。

从这一天起，天下就不再安宁了。

天文学家们发现，太阳才是宇宙的真正中心，而赫赫有名的太阳系根本不算是"宇宙"，仅仅是一个神秘莫测空间中的小不点而已。而这个空间依然只是一个更大空间中的小跟班。至于这个更大的空间，也只能乖乖地待在银河系中一个偏远的角落里。

这些新发现不仅让神学家们感到惶恐，也使得数学家和天文学家面临困惑。原先他们一直用英里测量天体间（比如地球和月亮）的距离，但现在，传统意义上的宇宙突然变得无比广袤，不可能用几个神话就解释清楚。人们逐渐意识到，那些大到难以置信的恒星，居然只是银河系这个大家庭中的一分子。

天文学家原先计算距离时所使用的零，现在乘上许多倍才够用。显然，他们必须要制定新的测量单位，才能解决运算上的困难。

人类进化漫谈

传统意义上的宇宙突然变得无比广袤。

于是出现了以92900000英里为基数的"天文单位",它表示地球轨道的半径,这对于不太出远门的人类来说,应该是足够用了。

但一旦涉及真正的恒星(真正的大家伙,而不是邻近地球的小角色),要测量它们之间的距离,这个"天文单位"

就无法满足需要了。

就在这时，阿尔伯特·迈克尔逊（Albert Michelson）通过光学试验，测出了光线速率（当然，我用的"光线"这个词很不专业，但我之所以使用它，是因为自己至今还缠绕在浪漫主义时代的文学用语中，它必将被科学时代的专用术语所取代）。迈克尔逊说光是一种物质，以每秒299820千米的速度移动，这激发了某人的灵感，他用60秒乘60分，再乘24小时，再乘365天，得到的结果是：光在一年的时间中会走过9455125200000千米，这个距离就叫作"光年"，是目前天文学中的通用计量单位。

人们似乎应该感到高兴。在拥有光年这个单位前，离地球最近的恒星——半人马星座，距离我们有25000000000000英里，换算成新单位，就合4.35光年，多么简洁的一个数字啊，甚至使人们感觉它唾手可得。

但随着研究的深入，天文学家发现光年用起来还不够顺手，因为有些小星球居然有20000到30000光年那么远。后来，天文学家又观测到星云，它们就像显微镜下的一团团微生物，但据估测，它们距离地球在200万~300万光年之间。既然连光年都显得微不足道，那么究竟什么才是更好的计量单位呢？

# 人类进化漫谈

我滔滔不绝地说了这么多,并不是向读者炫耀自己的博学多闻,也不是拿着一本大百科全书(依靠分期付款购得)来照本宣科。我只是抛砖引玉,提醒读者注意下文的进展。

当人们开始直立行走,他们就不免自大起来,不再尊奉什么宇宙的中心,自己欣然登上高台,接受万物膜拜。他们高兴得太早了,要知道,宇宙可是包含着上亿个星云,每一个都超过200万平方光年。在宇宙面前,人类自然相形见绌,几乎可以忽略不计,又怎么敢自夸是天之骄子?人类要有自知之明,他们只是一种灵长类动物而已。

但可惜的是,人们很难产生这种心态上的变化。道理很简单,自家后院失火,远比天蝎星(直径达6.4亿千米)上的火山大爆发更要紧,自己座驾汽缸中发出的异常杂音,远比猎户座要消亡的消息(这是《周日增刊》上所谈到的唯一恒星)更重要。人们几乎都只关心自身的变化,一颗牙齿偶尔松动,就会变得忧心忡忡,担心会祸及全身。至于天文学家所发现的各种天体现象,就没有多少人去关心了。

当然,人们的这种反应是正常的,毕竟天象和人们的生活关系不大。

天文学家通过反复推算,不断地扩大宇宙的范围,直至无边无际。又有些科学家持续剖析原子,把这个不幸的小东西分了再分,直到发现由无穷小颗粒(只能用一厘米的一百兆分之一做测量单位）组成的世界，它们的运行照样有条不紊，简直就是超显微镜下的小太阳系。但是，对于绝大多数的普通人来说，这些知识过于深奥，让人摸不着头脑，那么干脆对它们视而不见，做到眼不见心不烦。

看来，在人类真正觉悟之前，只好让他们自娱自乐，把自己当成宇宙的中心。

……

虽然这些天文知识并没有掀起轩然大波，但对人类的处世态度多少有点儿影响。读者会在本书中认识到各种英雄，他们不同于那些古代的族长，后者自诩为真命天子，自认为掌控万物的生杀予夺大权，随意从宇宙中攫取各种资源，来满足自己的各种欲求。

看来，这些人把自己当成了万物的创始人和终结者。不过话说回来，他们心里多少有点儿疑惑，究竟这世上有没有所谓的起源和结束。比如，100万年前所谓的"此时此地"，和我们现在所说的"此时此地"，或者是10亿年后说的"此时此地"，其实意思差不多。

人或许是生物界中的翘楚，但是否名副其实，还需要遨游太空中的其他星球，考察一下上面的生物，比较之后才能得出结论。

## 人类进化漫谈

总之，在迂回上千年后，人类还是坚守古老的理想，并把这种人生哲学用华丽的辞藻概括出来："我们是独一无二的，宇宙不过是个无名小卒，无须花费精力和它打交道。"

人类从出生的那一刻起就充满好奇心，这是专属人类的崇高权利。本书中的英雄都是好学之士，他们喜欢打破砂锅问到底。只要是人类理性可以触及的领域，他们都要竭力挖掘各种现象背后的本质，从而掌握事物成长的奥秘。他们在探索世界的过程中，只用真理和科学作为判断依据，绝不盲目地依赖任何人或任何事。这种精神就是我们未来发展的奠基石。

如果他们的探索有所成就，就会谦逊地把研究成果公布

我们是独一无二的，宇宙不过是个无名小卒。

于众，接受考验。如果遭遇困境，他们不会虚伪地加以掩饰，而是勇敢地承认失败，让那些装备更好的研究者继续深入下去。

难能可贵的是，英雄们从不向生活低头，在那些一无所知的领域中，他们不骄不躁，坚忍不拔，幽默乐观，直到消耗完身上的最后一丝气力。即使到了这一刻，他们也不会有丝毫怨言，而是坦然地放弃一切。因为他们早已领悟到人生的真谛，所谓生和死，不过是同一概念的不同表达方式而已。这个世界上最有意义的事情，是勇于探索人类的未知领域，找到解决生存问题的办法。

……

我知道这些话听起来很复杂，但请你一定要相信，没有你想象的那么难懂，只要耐心地多读两遍，你就能醍醐灌顶。

如果有人觉得这样太费事，那么请你最好丢下这本书。因为你很快就会觉得乏味，变得气恼，还把责任归咎于作者，认为此书写得晦涩难懂，不适宜阅读。你可能还会感叹，早知道不如用这时间去看电影，呵呵一乐多舒服。

但对另一些读者来说，他们早已猜到本书的主旨，无须我进一步引导。他们很清楚：尽管我没有解决任何实际问题，但却费了九牛二虎之力来解释事情发生的根本原因；而且我还呼吁，在上千年的残暴统治下，地球已经变成了一个血腥的屠宰场。人类要拯救自己的命运，就一定要改变自我，去除身上的偏见和傲慢，变得更加坚强。

……

好了，再说一两句就结束吧。

要想实现人类解放的伟大事业，一定要有一些精英敢为天下先，坚定地、无私地奋斗下去。

有些读者甚至会怀疑，我要给他们洗脑，来为本书歌功颂德。我相信随着阅读的深入，他们的疑惑很快就会消失。

这正是我写作此书的目的。

房龙

1928年8月2日

# 目录

01 人类就是发明家 / 2

02 从茹毛饮血到钻天入云 / 13

03 强有力的上帝之手 / 35

04 从脚踏实地到直上云霄 / 74

05 变化多端的嘴巴 / 95

06 桀骜不驯的鼻子 / 128

07 用心倾听的耳朵 / 130

08 无所不在的眼睛 / 134

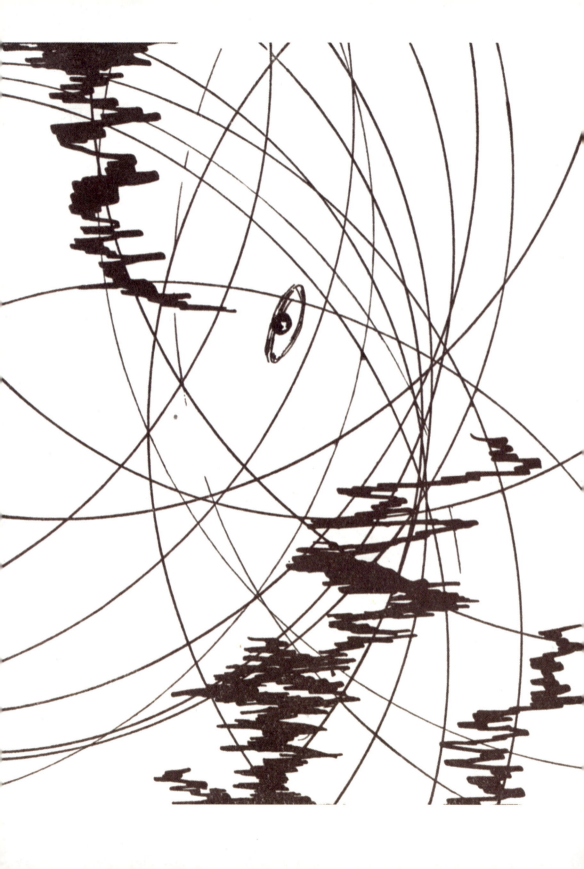

人类进化漫谈

人类进化漫谈

## 01 人类就是发明家

在一个风和日丽的日子里,有一粒微尘离开了太阳妈妈的怀抱,另立门户。小家伙的独立并没有带来多少动荡,因为它所加盟的星海实在太庞大了,显得它过于渺小。因此,那些位高权重的大星星,根本没注意到这个新来的小弟弟。除非它们上面的居民(这还有待考证)配备了高级望远镜,比我们今天使用的装备还要先进,才有可能发现来了一位不速之客。

但我们最好就此打住,不必再追问它究竟是谁。因为说白了,它就是人类赖以生存的地球,我们都是这个弹丸之地上的成员。当然,不管喜欢与否,这个小星球就是我们的家园,而且很有可能要长久地住下去。

我并非暗示人类永远无法移居其他星球,但问题在于,这些星球是否心甘情愿地提供领地,让地球上的居民长久居住?再说,或许它们根本就不适宜人类居住(太阳系中的大多数行星好像都是这样)。更糟糕的是,也许它们拥有自己的生物(就是我们所说的外星人),这些生物说不定早就迈入文明时代,比我们要先进许多,和它们共同生活,我们只会处于下风。

历史表明,人类的祖先花费了50万年才学会直立行

我们赖以生存的地球,很有可能要长久地住下去。

走,那么要解决目前面临的各种难题,人类自然会遭受更多的挫折,但我们对自己要多一些包容,而不必求全责备。我们如今生活在一个武器时代。虽然全世界都在呼吁睦邻友好,但并没给地球带来多少和平。事与愿违的是,现代战争不断升级,大型武器层出不穷，随着体积的逐步增大，海陆空恐怕都没有这些武器的施展空间。那时它们就会像一辆深陷泥淖、无法自拔的大卡车。

博物馆里只要有足够的空间，经常会展出古代大动物的骨骼。这些大家伙看上去威风凛凛，如凶神恶煞一般，让人不寒而栗。实际上，它们的进化过程和战争机械化趋势极其相似。

它们体形不断增大，盔甲也越来越厚，到后来实在走不动，游不起来，只能在泥淖里勉强蹒跚几步。那时地面上到处是沼泽，它们困在里面，只能靠啃食芦苇和海藻度日。一旦气候发生变化（那时地球上水陆分布比例失调，容易产生突发性气候剧变），这些傻大个儿既不能游到海里逃生，又无法躲在陆地上，只有待在沼泽里等死。很快，这些地球上的昔日霸主，在统治这个星球长达几百万年后，全军覆没，没有机会目睹它们的继任者——大型哺乳动物和人类的出现。

这听起来是一个老生常谈的故事，但我怀疑它并不完整。或许还有一种人们不曾考虑过的缘由，也可以解释傻大个儿们为何灭绝了。

气候变化的确会影响一切生物的安宁快乐，无论是极其渺小的微生物，还是貌似迟钝的骡子，谁都逃脱不了。不过，只有极度剧烈的气候变化，才会产生致命性的灾难（就像以前的月球毁灭后，随之产生的巨大灾变）。实际上，这就像现在频繁爆发的经济危机，如果你没做好准备，就会在劫难逃。而那些足智多谋的人，早就准备充分，自然能在危机中保存力量，日后还会东山再起。

好了，废话少说，故事的真正英雄就要正式出场了。再啰唆下去，虽然自己大过嘴瘾，但读者难免心生厌倦。

哎呀！这位英雄在刚出场时灰头土脸，看上去没有一点儿英雄气概，倒像是那些动物园里的黑猩猩，隔着铁笼可怜巴巴地供人观赏。

为了避免在这里引起骚乱，以致田纳西州再一次脱离联邦，我得赶紧加上声明：我没有说类人猿就是人类的直系老祖，或人类仅仅是一群表现良好的猴子。我们大可不必担心出身低贱，也不必妄自菲薄。因为人类的起源肯定不会这么简单。

不过最新研究成果表明，几百万年前，人类和黑猩猩确实有一位共同的祖先。这位老祖宗繁衍出一个大家庭，其中有一部分后代进化神速，开始掌握自身命运。剩下的分支则不思进取，整天与呆头呆脑的大象、黑瞎子为伍，直到现在还混迹于原始森林，过着暗无天日的生活。腿脚不灵活的还屡屡被捉，关在笼子中供游客观赏。它们哪里想得到，这些观赏的游客其实就是自己失散多年的表兄弟。对那些懒惰、愚笨的人来说，这就是一个告诫，要善于抓住机遇，最大限度地发展自己，否则只能听天由命了。

人类最早是拖着长尾巴的四足兽，任凭那些牙尖爪利的邻居们摆布，后来却甩掉尾巴，直立行走，成为指点江山的江湖大佬。这其中究竟发生了多少惊心动魄的故事？虽然好奇心驱使我们揭开谜底，但不幸的是，科学家们的相关研究起步较晚，对于地球史上的这场重大变革，我们在很多重要的环节上都一无所知。

山顶上的袖珍博物馆。

不过,科学家们还是取得了一些研究成果,帮助我们大致了解了当时究竟发生了什么事。当我们的远祖把手解放出来后,他们勇气倍增,一心要脱离那种动物似的生存方式,过上文明的生活。

在类人猿首次从动物中脱颖而出时,气候比较温和,地面上的水比现在还多。还有许多小块陆地,密密麻麻地覆盖着森林植被。森林中的居民都发源于猿类。他们身手敏捷,在树丛间来回穿梭。这种跳跃能力就是他们安全的保障,只有做到百跳百中,才能规避危险。即使他们没必要多聪明，但总得比那些披着盔甲的天敌更灵敏，否则只能成为后者的盘中大餐。

如果自然环境保持原貌，平稳地向前发展，猿类没有理由不在地球上繁衍，并最终成为这个星球上的绝对统治者，就和此前大型爬行动物、哺乳动物称王称霸一样。

但是在1000万年前，地球上又发生了新变化。水的面积开始萎缩，陆地面积则相应增加，温度降低，空气有点儿干燥。显然，这些变化都不适宜植物的生长。很快（不过是在几十万年后），那些曾经覆盖着大片森林的陆地，开始显露出空地。这还没完，森林面积继续缩小，最终被草原和雪山分割开来，看上去支离破碎，就像星星点点的岛屿。

哈哈，我们祖先终于等到了大显身手的时机!

此前，他们一直在绵延的林海中过着惬意的生活，上蹿下跳，在树枝间打闹嬉戏。不久森林越来越少，他们开始发现自己变得无依无靠，就像没有铁轨的火车那样寸步难行。

更为糟糕的是，不断增高的大山逐步把陆地分隔开来，使它们孤零零地各自为政。这样，只有顽强的飞鸟和蝴蝶能来去自如。

事已至此，适者生存法则开始显灵。大多数的猿类只能坐以待毙，等着大自然的无情挑选。而少数比较聪明的，凭借大脑的智慧，奋力与自然相抗争，成功地杀出一条血路。

哎呀，老祖宗们开始绞尽脑汁，想出各种各样的发明，终于度过了这次重大危机，人类的前景开始星光灿烂起来。

如今一提到"发明"这个词，我们立刻会想到飞机、无线电和各种复杂的电器。但我想说的是另外一种类型的发明。这些发明虽然简单，却极其重要，它们是由一种特殊的哺乳动物（人类）设计的，老祖宗们借此在残酷的自然竞争中存活下来，并为子孙后代们争取到一个至高无上的地位，而不为其他物种所撼动。当然，如果人类贪得无厌，继续崇尚暴力政策，那么在他们自相残杀的时候，就会有些特别勤劳又善于繁殖的动物乘机崛起，将人类逐出历史舞台。

说到这里，恐怕有读者要问："小动物也有发明创造啊。飞鸟、黄蜂、蚂蚁不都可以筑巢吗？海狸就像名副其实的建筑师，它筑坝的手法不是和人一样精巧吗？蜘蛛不是会布下天罗地网，坐等冒失鬼们上门吗？还有好多昆虫不是会挖下陷阱，来捕获失足的猎物吗？"诸如此类的问题一大堆。

对于你们的反问，我的回答是"是的"。发明在动物界不仅仅是人类的专利，人的好几个竞争对手也曾发明过东西。只不过普通动物和人类的发明之间，存在着本质上的差别。

普通动物在发明出一种东西后，就基本耗尽了想象力，之后不会有任何创新，只能墨守成规，以单调、机械的方式不断重复下去。

比如，蜘蛛在1928年所织的网，和公元前1928万年的发明根本就没什么两样。可以想见，如果蜘蛛还能在地球上存活到1928万年后，到那时网还是不会有丝毫变化。这些动物的所谓发明，只不过是日常填饱肚皮的一种手段。一旦被人捕获并喂养后,它们会立即停止搞建筑,安乐地过着饭来张口的生活。人类则不同,对于他们来说,生活不仅仅是吃饱喝足,还要能满足自己的精神需求。当然,这就要求有大量的空闲时间。

因此,人们积极寻求从繁重的体力劳动中解放出来。但是,人天生拥有的力量是很弱小的,只有积聚很多人甚至是多少代人的才智,才能源源不断地搞出新发明,来增强人的能力,早日摆脱沉重的劳动负担。

这番话听起来像是有点儿自不量力,不过读者会发现,本书中

人类开始绞尽脑汁,想出各种各样的发明。

还会出现口气更大的话。没有人能用闲聊天气的语调来谈论生存，这可是人类最根本的问题。要解说大道理，非用大话不可。只要读者能领会本页想表达的意思，那么把握全书就不会有任何困难，所以你最好重读一遍上面这番话，保证受益匪浅。

实际上，人类在一开始就占得先机。老祖宗们很久以前就在树丛中生活，这就迫使他们要心灵手巧，决断机敏，长期的锻炼使他们比其他动物更善于应变。在身处绝境时，普通动物只会使用蛮力抵抗，而心思聪颖的类人猿却能灵活地躲避尖牙利爪的侵害。

当森林逐步被蚕食时，类人猿急需改变生存方式。好在他们能够熟练地使用肢体，所以很快就能改用后肢直立行走，而用前肢来维持身体平衡，这样就可以顺利地穿越灌木丛，四处寻找食物。

再后来，他们发现已经没有任何森林可供栖息，只能到平原上开始新的生活。他们变成一种奇怪的新物种，可以迅速地学会直立行走，而不需要任何支撑，这样他们的前肢就被解放出来，可以完成抓举、运送、撕扯等动作。要知道，这些动作原先全靠牙齿包办，既笨拙又不舒服。

这是人类进化史上的第一步。接下来还有第二步，本书对此会有详细的描述，在这次进化过程中，人类的手足、眼睛、耳朵和嘴巴的功能逐步增加，皮肤的忍耐力也增强了。这样，人类最终在动物界中获得了至高无上的地位，成为地球上的绝对统治者。

当然，人类成功的过程没有这么简单。当时老祖宗们面临着重大抉择，究竟是苟且偷生，坐以待毙，还是积极提高生存能力，改善生活水平？恰好此时大自然伸出了援助之手。气候变化导致森林面积萎缩，饮用水也变得困难起来，到处是不断增长的高山（也许还有别的尚未发现的理由），这些因素致使地表温度下降，又一个所谓的"冰川期"降临了。此前，这种冰川就不时光顾南北半球，让地球覆盖上厚厚的冰雪，逼得全体动植物举家搬迁，狼狈地向赤道两边逃窜。

如今人们经常忽略一个事实，（在机械化文明时代，工作几乎变成摆脱厌倦的唯一方式。）懒惰是万物的天性。当生存成为唯一要解决的问题时，万物都会竭尽全力存活下来。但无论是植物还是动物，一旦不用忍饥挨饿后，它们都不愿意继续忙碌，而想安逸下来。比如，狮子、大树、龙虾等，都愿意享受无所事事的慵懒时光。人类同样如此，要不是周边环境日益严峻，地面只剩下八分之一的立锥之地，他们也不会奋发图强，取得如今这么多的成就。

那时夏天短得可怜，从北极到阿尔卑斯山，到处都是白茫茫的冰雪，当漫天冰雪从四面八方呼啸而来时，人类只能蜷缩在山洞中瑟瑟发抖。要不是这些恶劣环境的逼迫，人们永远不会在许多领域中取得重大突破。

常言道，严师出高徒。在"冰川学校"的残酷训练下，人类变得斗志昂扬，积极进取。它的第一条校训就是："要么卧薪尝胆、厚积薄发以求绝地逢生，要么就坐以待毙。"

当时的老祖宗们额头低窄，身上气味难闻，野性十足，和其余动物没有多大分别。但我们可以谅解这一切，因为他们没有丝毫胆怯，勇敢地和自然相抗争，还取得了很大胜利，这在如今看来是很难想象的。

那么，他们如何在简单的繁衍过程中，挖掘出蕴藏在手足、眼睛、耳朵和嘴巴中的无穷能量？且听我慢慢道来。

当森林逐步被蚕食时，类人猿急需改变生存方式。

# 02 从茹毛饮血到钻天入云

人类历史上的一切发明都是为了帮助人们更加从容地生活，让他们付出最少的努力却能获得最大的快乐。

不过，有些发明只是人类某些特定机体本能的延伸（扩展或强化）。比如，"说话"、"走路"、"投掷"、"倾听"或是"观看"能力的进一步强化。还有一些发明，则是为了帮助人们调节自身的身体机能，从而可以更加舒适地生活。

当然，以上对于人类发明的区分并不科学严谨。许多发明并不绝对地属于某一类，它们往往介于两者之间，即使是运用科学的方法也很难分得清。大自然原本就是深奥难懂的，而人类又是它诸多成果中最复杂的。因此，只要一牵扯到人的愿望、人的技能，总会引发诸多矛盾，带来一片混乱。

遗憾的是，给事物分类是绝大多数人与生俱来的一种爱好。每当他们看到一排树、一池鱼，或是一群僧人时，他们就会掏出小本本，戴上金丝眼镜，开始区别这些可怜的牺牲品。他们经常把热情发挥到极致（尤其是他们以逻辑大师自居时），几乎丧失了辨别

身披毛皮的古人

事物的正常理性，在他们眼中，树木、小鱼、僧人仿佛是无生命的物质。

我觉得有责任给读者提个醒，如果你是一个分类狂，那么在阅读过程中，会发现许多让你气急败坏的内容。真要是这样，你倒不如丢下本书，换一本《火车时刻表》来打发时光，上面的内容保证很客观，不带任何感情色彩。而至于这本书，由于本人的理智经常战胜热情，它会充满疑问和不确定性。

例如，就古人身披的毛皮来说，它究竟属于第一类——关系生存的发明，还是第二类（我稍后会谈到）——关系提高生活质量的发明？虽然我并不确定答案，但还是把它纳入本书的考察范围。如今人们想当然地把它归属为第二类，硬说毛皮就是用来取暖的，但实际上，一开始毛皮的主要作用是保全生命。因此，我在本书中对毛皮的考察是灵活全面的，并不纠结于烦琐的文本论证。

动物天生就赤裸全身四处游走。即使天气再冷，它们也想不到加点儿"衣服"（可以用死去同伴的皮），帮助自己抵御严寒。当风雪呼啸而至时，它们偶尔会躲在岩石背后，这就是它们最好的避风港了。

像天冷加衣这种想法，看起来再简单不过了。说起来很难想象，在远古时代，人们一开始甚至都不知道兽皮和树叶可以御

一个非常简易的工具，有时也会耗费上万人的聪明才智，通过不懈努力才研制成功，并投入生活应用。

寒，他们不会收集兽毛、枯草和树叶，用来编织毛毯、亚麻衣服、草帽等。

读者在阅读过程中经常会发现，最简单的创新往往很晚才被想到。哪怕是一个非常简易的工具，有时也会耗费上万人的聪明才智，通过不懈努力才研制成功，并投入生活使用。

当然，那些真正的先行者究竟叫什么，我们已经无从得知。但是，一定有那么一个"第一人"冒着生命危险把自己裹在牛皮或熊皮里，就像是现代总有那么"第一人"看似傻傻地对着电话机说话，总有"第一人"全力地从微弱的电报机里倾听声音一样。而且，我坚信第一位身披皮大衣在街上行走的人，会比第一个驾着无马的马车在纽约第五大道畅行的人引起更大的轰动。

这位第一个穿着皮大衣的人很可能会被看热闹的人群团团围住。

但是，更可能发生的事是，他会被当作违背上帝旨意的险恶巫师而惨遭杀身之祸！毕竟，上帝在造万物之时就已经决定了人们应该在冬天遭遇严寒之冻，夏天受尽酷暑之热。

不过，在那个以狩猎为生的时代，兽皮相当充足，最终穿皮大衣成为一种潮流。穿皮大衣的风气一直延续到今天，放眼望去满大街都是！

但是，寻常死去的野兽皮是不能用来当衣服穿的。它的不利因素主要有：第一，野兽皮会有股难闻的异味。史前人类还不懂什么制作方法，只知道把它们拿到太阳底下曝晒。不过，对于朝夕处于污秽腐烂气息中的史前人类而言，这些臭味没什么大不了。第二，野兽皮很容易开裂，又不太合体，一旦遇到寒风暴雨来袭，就会进水，起不了任何御寒作用。于是，就有好问之辈（正是这种人为人类做过最有意义的贡献）开始自问了："嗯，穿兽皮是很好，但是，我们能不能换个更舒适的方法呀？"于是，他们开始思考，尝试发明一批和兽皮有一样功效的替代品。这种发明在人类进化史上起到了极其重要的作用。它们好像主要是亚洲的棉、羊毛、麻布和丝等。

可能您会觉得我用"好像"这个词语的次数太多，显得我对于自己的判断缺乏应有的科学性自信。哦，其实你的感觉并没错。我也没办法，就像是一个人在一间暗房里绞尽脑汁地解一个极其难解的谜。五六十年前，我们还不知道究竟什么叫史前史呢。我们习惯说："人类文化开始于亚伯拉罕离开乌尔地时。如果我们的胆子再大些，会再往前推整整两千年，说文化是起源于埃及人和巴比伦人。"

当然，我们明知道其实中国的历史比西亚和北非要更古老些。可是中国人的信仰与白种人全然不同，两者又离得太远。所以我们鲜少提及他们，除非是讲到鸦片战争或八国联军等事时，才会用半页的篇幅简单地提一提。

但是，有些人会据此慢慢地推断出，把历史硬说成是始于公元前4000年或公元前2000年，是相当荒谬、相当幼稚的。于是他们开始远赴丹麦去挖那些旧土堆，到法国南部和西班牙北部的洞穴里去探险，偶尔还会从澳大利亚和德国境内挖出尸骨，并把它们好生保存，不再像从前那样随便卖给什么人了。当人们认识到他们这些古物收藏的价值后，不得不承认，那些一向被现代人轻视的冰川时代人，其实并不真是愚蠢得像野兽一样，而平时备受赞誉的所谓埃及文化和巴比伦文化，也只不过是从前代其他民族的传统文化中延续发展而来的。在埃及人尚未开始造金字塔前，这些民族就已经从人类历史中消失了！

今天，如果这一切是真实的（像几位博学多识的教授宣称的那样），即我们已经找到足以解释那些南非洞穴内外神秘古石刻的线索，那么人类有记载的历史应该可以往前至少再推进10000年。我们不能再说5000年悠久的文化，而该说15000年的文化了。

但是，我还想再次提醒你，人们对这方面仍然是知之甚少。公元前15000年的欧洲是怎样的？那时的亚洲又是什么样？人们对此几乎一无所知，就像海底世界一直蒙着一层神秘的面纱一样，让人无从探究。可是，理性人士无不深信，总有一天海底会向世人展示其真实面目。那么所谓史前时代的真实面目，又何尝不是如此呢？只希望能涌现出更多严谨而热忱的考古学家，天下太平日子也能持久一些（对于深埋于地底那些满是古陶器等宝物的藏宝室而言，枪炮可是最大的威胁），这样人们很快就能发掘更多的知识来认识冰川末期的人类，就像现在我们已经非常了解亚述王提格拉特·帕拉沙尔在位时的史实一样。

比方说，从某些史前图画可以知晓（我们的远祖有些很擅长绘画），史前人类习惯在身上裹上晒干的兽皮。至于他们在何时换掉那些粗糙的干兽皮，改穿人工制作的皮革，我们仍然无法确定。但是，根据常识以及手边现有的环境方面的证据，并不难推算出来几分。

人们常把生皮转变成皮革的过程叫作"制革法"。"制革法"在字典中的意思是："把生皮浸泡在酸溶液里或其他化学盐类溶液里，让它改变性质，由生皮变成皮革。"

接着，就要进一步追问了：古时谁最熟悉"用盐类溶液把生皮制成皮革的方法"？

答案是：埃及人。因为他们的宗教信仰要求必须完好无损地保存死尸，保存得越长久越好，所以他们早就学会了防腐藏尸的方法，其他人连这种可能性都没想过。

循着尼罗河畔的足迹，可以发现许多痕迹足以证明很早以前埃及人就会制革术了，这比世界上其他国家要早上好几个世纪。在底比斯王墓里的壁画上，出现了早期的鞋匠店（它们很像现在大都市里的快工补鞋店），这是最有力的证明。

后来，制革法从埃及传到了希腊，但是希腊人很是谨小慎微。当他们大谈怎样活得舒适些、更舒适些这样的哲理性问题时，显然穿着羊毛衣远比穿着皮衣更舒适些。这样，制革法无法在希腊繁荣发展，最后只好流落到罗马去了。罗马人崇尚武力，每两人中必有一人当兵，他们的盔坚甲厚，必须要用牛羊的皮制成，这样才能抵御撒哈拉大沙漠的酷热和苏格兰的潮湿。

与此同时，埃及人又发明了几种生皮的替代品，而且制革术更加精良。在尼罗河以及底格里斯河和幼发拉底河等流域,相较于寒冷而言,人们更惧怕的是酷热。所以,住在这里的人早就想寻找一种比羊皮或驴皮更凉爽的东西来穿。于是,他们花了几千年的时间来试验,采摘各种草木的叶子来做衣服,想方设法把它们编织起来。最终,发现有一种亚麻,最适合来做衣服,由此开启了纺织时代的先河。

人们普遍认为,在电报和现代报纸尚未盛行前,世界上有一半的人完全不知道另一半人在做什么。现在却截然相反。电报和报纸在帮助人们传递真实消息的同时,也在散布着一些不实的信息。一万年前,位于多尔多涅的穴居人前天的晚餐是什么,或是瑞士湖沿岸的人在秋天穿什么衣服,这样的消息绝不会传到北西伯利亚猎户们的耳朵里。但是,一旦发生真正的重大事件,或是有人定胜天的新发明出现,处于世界不同地方的人,如中国人、大西洋沿岸的人,以及克里特岛人好像会在同一时间知道。我并不是说,所有得知消息的人都能善于运用这些信息,即使是现在也不可能人人做得到。

阻碍人类进步最大的敌人,就是漠不关心以及畏惧新知。但是那些新发明的事物(如果能迎合大多数人的利益要求),却也可以快速传播,那些洞穴和墓地里的藏物足以证明这一切。

否则,我们也不可能发现亚麻文化在尼罗河畔流传的同一时间,瑞士湖畔竟然也有人在种亚麻。毕竟尼罗河和瑞士相距甚远,在当时人类居住的世界里,可算得上天南地北了。可见当时亚麻文化流传的速度是如此快速。至于亚麻最初是何时何地出现的,依然是个谜。棉花也是如此，经过考证，最初是在波斯出现，但没过几年，美索不达米亚也有了。

据希罗多德记载，棉花最初传自印度。但是，由于种植和收割太过费事，远没有养羊种麻那么容易，所以就没有毛和麻那么受欢迎。这个道理，我们已经耳熟能详。不过，问题却很陈旧，要追溯到石器时代的后期了。

最初，并不需要什么"批量生产"。冰川世纪，人类不断地四处迁徙。他们的饮食和生活环境相当艰苦。比1928年最穷苦的穷人还要苦。那些从古洞里挖掘出来的尸骨，大多数都带着疾病，足见由于久卧低湿之地，他们大多不到40岁就染病身亡。

那时婴儿的死亡率也极高，大概跟俄皇专制时代一样，高达50%之多。一旦寒冷的冬季漫长了些，整个地区的人就会被活活冻死。就像现在的爱斯基摩人和加拿大北部的印第安人一样可怜。所以那时的人口总数永远不会太高。这种情况一直延续到尼罗河流域和幼发拉底河沿岸的谷物大丰收。此后形势才大大改观，人类能够自由繁殖，同一块地方可以养活更多的人，这样才有了所谓的城市。城市不断发展起来，城市中的居民才有了穿暖的需求，而且也有了物美价廉的要求。

羊毛织品应运而生。发明毛织品的功劳，理所当然地属于那些把野羊豢养为家畜的乡下人。羊毛最初应当是产生于中亚细亚绵绵的山脉之中，因为它正是由土耳其斯坦一路向西，取道希腊和罗马，最终进入英国诸岛。其后一千多年，英国成为羊毛生产中心，正是依靠这一宗出口货，英国占领了整个市场，征服了所有的邻国。

世界上其他各国（而且持续了相当长时间，甚至于美国人）都依靠英国提供的生羊毛。英国人深谙此中奥妙，善加利用这一专利品大发其财，吸纳了很多邻国的财富。

中古时代的文人墨客们无不竭尽其能地讥讽纺织业，但这丝毫抹杀不了羊毛对人类发展所做的贡献。像绵羊那样温柔无害的动物，也能激起人类无尽的贪欲，为谋取利益不惜兵刃相见，其残酷性一点儿也不逊于后世为争夺金刚石矿和石油开采而引发的杀戮。

说到这里，不得不提到另一件皮革的替代品，那就是丝。丝的历史由来和羊毛大不一样，它的出身甚至比羊毛还要卑微些。吐丝的蚕明明就是一条虫子，却被学者们冠以一个夸张的名字——"家蚕"！

世人皆崇尚浮华奢侈，在名利场上免不了要制造出这些丝类装饰品来装点门面。人类不只是懒惰，而且十分虚荣奢靡。既然口袋里装满了银子，为何不穿得漂漂亮亮地在人们眼前炫耀呢？好像不这么做的话，就白白糟蹋了口袋里的钱财。如果人人都穿着麻布、棉布和羊毛，我也穿着同样的羊毛，那么一点儿也显示不出自己的高贵。可悲的富人们啊！他们总是为穿衣之事徒增烦恼，总想找些与众不同的贵重服饰来御寒，否则，他们宁愿赤裸挨冻也不愿将就便宜货。

恰在此时，中国蚕丝的传入为他们解决了难题。在那个古老的

家蚕起源于亚洲

年代，丝织物非常昂贵，与其相同重量的黄金是等价的。

家蚕起源于亚洲。原本只在东南亚一隅，后来中国人首先发现了它在文明中的妙用。中国人为此发现深感自豪，认为这是上天赐给他们的礼物。

相传是黄帝（生活在摩西之前1000年）挚爱的元妃西陵氏女，也就是嫘祖，第一个研究这种有名的爬行小生物，并且发现当它们吐出长达1000码的丝后就会回到自己的蚕茧中，而这些丝则可以制衣。

汉代的子民们得知这一消息，大喜若狂。他们把制丝这项工艺看作是天授神予，并把它当作是神圣的秘密来守护。长达2000多年的时间，这项技术一直没有外泄。直到后来，日本派了些高丽商人使团到中国游历，劝诱了一些中国女工去日本，把缫丝这门高超的技艺带到了日本。

不久，又有一位中国公主，把桑葚和蚕卵藏在发饰里，混出了边关，并把这笔宝贵的财富带到印度。自此，丝绸开始了步步西征之道。

那位骁勇善战的亚历山大在东征之时，好像就听说了东方有这种宝物。希腊著名哲学家亚里士多德也曾提起过蚕。

再往后的几个世纪，罗马的贵妇差不多都要让夫婿买些丝绸制品，以供她们穿戴。

不过，直到公元6世纪末年，丝绸在西方还是极为难得的，几乎和现在的白金一样稀缺。后来有两个波斯僧人，从中国偷来种蚕，藏在竹筒里，逃过了边界士兵的搜查。他们直奔君士坦丁堡，把它们献给东罗马皇帝。于是君士坦丁堡逐渐成为欧洲的丝业中心。

当十字军劫掠这个城市时，他们把整捆的蚕丝装入箱子，带回欧洲西部。这距离中国始创丝织业，差不多已经过了3000年，最终总算到达了欧洲西半部。就在此时，丝织品仍然是奢侈品。要是勃艮第王子的女儿在出嫁时，嫁妆里能有这么"一双真丝织袜"的话，这对他来说就是最大的荣耀了。即使是再过600年，丝在欧洲仍是相当昂贵的。有一个像约瑟芬皇后那样奢靡而白痴的妇人，趁着丈夫征讨欧洲时，只顾大肆狂买称心的丝袜，花费太多，几乎毁掉

自从先辈们发明了制革法后,到现在,已经产生过很多替代物。

了丈夫的雄心霸业。

当每个女人都和那位法国皇后一样,有了以绮罗裹体的能力,穿丝袜已经不算什么稀罕事了。从那时起,全球的家蚕已无法提供充足的丝料来满足新兴工业的需求了。于是,涌现出了一批乐于助人的化学家们,想尽办法来解决难题。很快,他们找到了用人造丝来替代蚕丝的方法。这种人造丝的原料和现在我们所用的纸的原料是一样的。这种原料相当粗糙,且不耐用。但在那个瞬息万变的时代,鲜少有人会顾及那么多,只要能穿一时就很开心。哪怕在今时今日,满大街穿得绚丽多彩的女人,她们衣服的原料也就是木头而已。

自从先辈们发明了制革法后,到现在,已经产生过很多替代物。虽然这些替代物在质地、价值和美观程度上与人们的要求相差甚远，但是，最初的穿衣主旨丝毫没有改变。自从第一个人剥了一张马皮披在身上让自己感觉更舒适些，直到今天人们穿衣的目的依旧是舒适。

但是，最近当飞行员驾驶飞机升到高空时，感受到了难以抵御的严寒，所以就有了"飞行服"的发明，在衣服里通上小电流，就可以保持适当的温度。

其实，早在50年前，人们就已经发明了把小电池放在衣袋里保温的方法，这可能是制衣工业的重大改革。那时，根本不需要向别人借大衣穿，只要跑到朋友家里的电壁炉重新换个小电池，自己悠闲地吸着烟在旁边等着就可以了。

现在说起这事，似乎有点儿荒唐。不过我还不算太老土，小时候要是听见有人说，1928年时人们会驾着自己买的"小火车头"满街跑，那时可是要大笑不止、难以置信的。

但是现在它真的成为了现实！为什么我们不能相信将来有那么一天，大家不需要穿大衣，省去再穿层牛皮或是熊皮的烦恼，也免去了难以忍受、不堪滋扰的衣帽间被盗的担忧。

这是一个最诚挚的愿望。

愿它早日实现！

还有一种新发明，也与人们要增强皮肤抵抗力的愿望密切相关，不过这完全是另一种发明。

简单地说，这种新发明的起因也是人们想要保护身体抵御严寒酷暑的侵袭。这种新发明就是房屋啦。人类在年幼时期需要父母照料抚育的时间，要比一般兽类都要长，所以，全家需要一个安全的容身之地，一起生活至少两三个月。

在这个容身之地，父母要教给孩子最基本的生存技能，直到他们可以自立门户。

最初人类选择在树穴或山洞里生活。因为当潮水退去，河床降下三四十米时，在窄窄的河床里，岸边会有许多露出的洞穴，那里都可以住人。

这种原始的房屋，并不怎么吸引人。一方面是不怎么美观舒服，另外，里面还时刻埋伏着无数酷爱黑暗的蝙蝠们。更可怕的是，还有现在已经绝迹的剑齿虎和巨熊们，这些野兽也要霸占这些洞窟。

现在挖掘洞穴深处时，发现了大量的人骨和兽骨混杂在一起，可见当时人兽之间争夺洞穴的战斗是多么激烈！放在今天，连家畜都不会在这种地方放养。

所以，久居洞窟终究不是长久之计。其他几处可供选择的地方作为供神之地。但一有人开始建造起自己的居住洞，也就是我们现在所说的"房屋"后，大部分暂时居所很快被人们放弃。

为了防御冷热，人类尝试过种种奇怪的方法。有些地方的人凿冰为室，还有些地方则结茅为屋，并在上面盖满草叶。

在世界许多地方还流行这种居室，尤其在有着湖泊河流的热带地区最为普遍。

人类最原始最简陋的住房，要算所谓的棚。至今当猎人们夜无所宿时，还会临时造一所这样的房子以过夜。南美洲和澳洲不开化的原始土著们也住这种房屋。

稍好一些的要数茅草屋了。然后，这种房子有了坚固的木架，慢慢就发展成为所谓的栈上居室或是水阁式居室。至今在世界许多地方还流行这种居室，尤其在有着湖泊河流的热带地区最为普遍。

过去人们认为栈上造房的目的主要是为了安全，其实，他们临水建屋另有原因。人类最初觉得体面生活首先就是清洁身体以及收拾房屋（这意味着人类开始有了文明意识）。欧洲人经常会嘲笑我们美洲人过于讲究浴室和排水沟。也许美洲人确实是过于讲究了些。古雅典算是个开化城市,但猪却成群结队地在街上找垃圾吃,实在是有伤风雅。中古时代的巴黎在学术著述上确实有很大贡献,但是在卫生方面却没花过多少心思,也没有花过多少钱。其实,在其他条件同等的情况下,能在更加洁净舒适的家园里生活,肯定要比住在人兽杂处、满是粪便的房子里要舒服些吧。

早在20000年前,史前人类似乎已经和现代人一样懂得了这一点。于是,就有了特别苛求的人,他们把房屋建在水面以上50英尺或100英尺的高处。屋顶可以保护他们不受日晒雨淋。屋底下的水可以顺便带走那些粪便之类的污秽,水里游动的小鱼则扮演了清道夫的角色。这真是一举两得的聪明构思呀!

与之前相比,这正是巨大的进步。不过为了寻求最大限度的安全,他们还是十几个人挤在一间房子里。当生存问题已经不像以前那样迫切时,他们才更进一步探寻安居和私人空间的魅力。

私人居所当然是人类享受的最大福利之一,但很难实现。它毕竟是种奢华,只有少数特别富裕的人才能享此福分。然而,当一个家庭或是一个国家一旦达到一定富裕程度时,就会立刻吵着分开住。于是,就有了私人住宅。

在物质极大富足的年代,人们不再想与他人同住,就像我们今天不愿与他人同穿一件大衣、共用一把牙刷一样。古罗马时期,由于太多奴隶聚居在一起,地方太小无法容纳,不得不造出特殊的租赁屋以供他们居住。对于罗马的上流社会人士来说,那些乡下农民跑到城里讨生活,既可免去乡间战乱之苦,又有房子可住,理应感到满足了。但是这些奴隶们毕竟无法适应群居于如此黑暗的"囚牢"中,怎么也不愿久住。只要有机会,他们就会义无反顾地跑回"小家室"去。

中世纪时期,欧洲许多地方相当讲究居住的环境,动辄就会抬出"我的房子就是我的堡垒"。作为政治纲领,它也多次被写入《大宪章》中。

但是,到如今,我们却在便于煤矿出口之处,或在港湾沿岸,不断地占地建造大车间,无处可居的人类被逼迫重回最初蜗居的状态。那些曾经摒弃过的一切,又死灰复燃了。欧美大城市现在就像是堆满人造皮的货栈,一层紧压着一层,一间紧压着一间,里面满

人类的生活太过辛苦,像蚂蚁一般。

满的，挤得净是人。这哪里还顾得上谈什么私人空间呀，每个人平均占的地方，并不比一条沙丁鱼多。

幸亏，世界正在发生巨大变化。在各地都有人站出来公然抗议，人类的生活太过辛苦，像蚂蚁一般。不过大多数人还是太穷了，穷得只能在5层的木屋或石屋里租两间房子了事。他们不得不与上百个或远或近的邻居们杂居在一起，共用许多公共空间。

但是，有些人比自己的先辈们聪明多了，他们想出了新办法，那就是像候鸟一样迁来迁去。他们有两个家，一个在半热带地方，在那里好过冬；一个在北方森林里，在那里好避暑。毕竟现在大都市里，四处挤满了摩天大楼，一到夏天，就酷热得像地狱一样。

现在，如果我们说，将来有一天所有人都能因季节变化而四处搬迁，恐怕会被人笑为痴人说梦。但是，在美国这种人越来越多。

10000年后，当后代子孙回过头来看我们在20世纪的生活时，也会有同样的感觉。至少他们会觉得我们与那些临池而居或是蜗居于洞穴的先人们是相同的。当他们看见纽约和芝加哥的废墟时，或许会认为那些垃圾堆里的废石块、钢架还是在石器时代后半期建造的呢。

寻找一方屋檐来遮风避雨很容易，但要把居住的屋子弄暖和则十分困难。

因此，当人类发明了房屋后不久，很快就有了让屋子保暖的取火发明。最原始的取暖方法，是点燃一堆木头。直到今天还有人用这种方法，不过更多是装饰而已。在1928年，人们不愿再像从前那样，一边取暖，一边烤肉。这样，前半身倒是热烘烘的，但脊背却冻得瑟瑟发抖。

从斯堪的那维亚半岛的古老部落遗留下来的旧炉灶可以看出，在那时人们已经不满足于仅烧一段枯木取暖了。

在古代发明家中，埃及人和巴比伦人算是顶尖聪明的。可惜他们居住的地方，气候相当宜人，根本不用费尽心血造炉子。而聪明理性的希腊人明白，不舒适的居室条件是不利于思想的迸发的，所以他们努力寻找一个妥善的方法来取暖。他们以为用热空气可以让皮肤一直保持舒适的温度。

克诺索斯宫（克里特岛的首都，早在基督出生前一直统辖地中海东部地区长达1000年）那时已经装有暖气管了。罗马人跟其他居住在地中海沿岸国家的人一样也极其怕冷。

他们在设计房屋时就考虑到了取暖问题，通常会把一个火炉放在屋外，由两名家奴看守，保持炉火的适当热度，从而让热流通向房屋的每一处，把里面烘烤得到处都暖融融的。

但是，在公元三四世纪，有一个强悍的民族从亚洲中心地带强势侵入欧洲。他们非常轻视欧洲人的斯文，把其斥为"柔弱"的舒适（其实正是这种柔弱把他们挡在罗马境外长达600年之久）。很快这种希腊人和罗马人所推崇的优雅淡定消失了。昔日美轮美奂的罗马宫殿，大多化为土丘废墟；庙宇沦为马厩牛棚；旧贵族的避暑别墅也纷纷被拆除，改建营垒；旧剧场变成了小村庄；暖气炉管则一律废弃，任其朽坏。

等到外侵平定，秩序重回，法令再现，一切归于平静之时，已经是1000年后的事情了。

人们重新搬回自己的住宅，为了不挨冻，他们开始用炭钵勉强取暖。不过，炭钵散发出来的微弱暖气哪里管用，简直是越烤越觉得冷。实在是太冷了，连睡觉时也要穿着大衣，戴着帽子。

到15、16世纪，情况并未见好转。当我们读到太阳王路易十四的光荣事迹时，常常会羡慕不已。但是一想到他也要挨冻，羡慕之情就没那么热切了。虽然他的富贵权势震烁一时，但是一到冬天，皇宫中竟然无法取暖。他只能眼睁睁地看着煮熟的果酱在面前冻结。他的侍臣偶尔想洗澡（鲜少发生），还得拿斧头先把水壶的冰块砍碎。

最终，人们不再满足于用炭钵取暖，想出了改良办法，再次使用火炉。其实这是相当陈旧的办法，早在冰川时代就已流行。

不过，现在添上了烟囱，用它把烟引到屋子外面。

刚开始对炉火烟的处理很简单，就是在墙头挖个洞。直到16世纪初叶（经过300年的多次试验和失败），才有了较规范的烟囱，和我们现在用的很相像。这才算解决了通风透气的问题，让火不断燃烧。

但是这种取暖方法，仍然算不上完美。此后的300多年里，上至达官贵人，下到贫民乞丐，躲在这样的房屋里，又是气闷，又要挨冻，很是不舒服。其实只要在这种房屋里添上一两个中号的蒸汽管，就可以解决问题。

直到19世纪后半叶，人们才重拾罗马旧法，恢复用蒸汽和热气来取暖。

用火炉取暖的旧方法，还能延续多久，我说不准。

不过想来也不会太久了。

现在最新的方法是用电。比起蒸汽取暖的旧办法高明得多了。它不只是轻便易行，而且还可以省去在屋里装炉子、设管道、搬煤、运水等种种麻烦事。就目前而言，电炉只有一个价钱问题。一旦把发电的费用降低，并增大发电量，就可以痛痛快快地取暖。到那时，什么煤工、臭不可闻的油炉以及状况百出的煤气炉，都可以废除了。只要按一下开关，就可以让家里、教堂和公共场所的建筑在夏天和冬天保持一样的温度。

# 03 强有力的上帝之手

人类的手其实就是很平常的前脚掌,跟其他四足动物相比并无两样。只不过,人手上的拇指能够弯向掌心,并与其余四指对接,于是有了握住东西的能力。这样一来,人类就突破了一般意义的"抓",超越了其他动物,可以做更多的动作。毕竟这些动物在做"抓"这个动作时,还要依赖于嘴和牙齿的帮助。

如果这些学术性的语句无法让你明白我的意思,那么下次认真观察一下你的小猫或小狗在抢吃肉骨头时的情景吧。它们似乎知道前掌能够帮助它们。它们先用嘴和鼻尖把要吃的东西连咬带推地搬到花园的一角,然后想用前掌来解决它。但是,又没有得力的方法,试来试去,徒劳无功,真是可怜。

唉,真可惜!它们没有拇指。

它们只能把前掌全按着骨头,再用牙齿来撕咬。它们能用前脚挖坑,来埋藏自己的宝贝。但是,除了几个笨拙的动作外,它们再也不会其他新花样。因为它们虽然有个"拇指",却不能弯向其他的四个,也就不能抓住或握住东西,只能做几种非常有限的动作,而且也只有在满足口食之欲时才能做到。

由手而延伸的诸多力量 ▲

因此，对于人类来说，有了手就等于掌握了最重要的天然工具。同时，由手而延伸的诸多力量更是数不胜数。人类正是靠着手成为世界无可争辩的霸主。

说到这儿，不禁又产生新的疑问了。人类是在何时何种情况下，怎么就知道了自己前掌的重大功用呢？而人类的本家兄弟，也就是猿，为什么无法发挥自己前掌的作用呢（猿也是相当有灵性的）？

在思考这个问题时，试着抓块石头来看一看手的力量。你会说："这是多么简单的事呀，人们肯定是自然而然就意识到了手的力量。"其实世界上没有一件事是自然而然地就发生的。总要有人先想得到，然后去尝试，在尝试的过程中要花费很大的力气，连脸都变青了,气力都快用尽了。可能还会在左邻右舍的冷嘲热讽下勇气全无。

人类用手抓东西,已经有几千几万年的历史了。他可以仅凭徒手抓起小动物,顺手抓住猎物,用手撕开就吃。而且习以为常,从没想过还可以用其他的方法。

直到后来,终于有人以巨大的勇气站起来说:"我们可以试试更好更简单的方法。"于是拿根棍子或石头来增强手的力量,于是就有了锤子。

只要石块大小合适,正好可以抓在五指间。

这是我们根据已知的信息推断的情节。至于第一把锤子是木头做的，还是花岗石做的，已经查不清了。

木器都已经腐烂殆尽，没留下任何证据。而石器则保留到今天，它见证了人类的先锋者们是怎样的坚定不移，怎样的聪明果敢。

当然，门外汉在参观博物馆，看见那些史前石器时，并不觉得怎样的震撼。在他看来，那一件件的石器，不过就像是他的儿子在路边捡到的石子罢了。

但是，对于考古专家来说，那些一字排开的古锤子、古石斧和古石锯是那么的意义重大和生动有趣。就像是我们看到按照时代的先后顺序，汽车展览馆里展出了从最老式的福特T型车到最新款的劳斯莱斯汽车，自然也会觉得心潮澎湃。毕竟，在那些古石器上凝聚了太多古代人的心血，就像现代科学家在内燃机上倾注的精力一样。

不久，人类就发现自己可以借助任意一个石块来延伸自己的力量，也就是说，只要石块大小合适，正好可以抓在五指间。当然，太小了也不行，太小恐怕打不碎坚硬的果壳，敲不开硬骨头。骨头里满是大自然在大洪水之前给人类的最佳馈赠——骨髓。

慢慢地，人们学会了把石锤稍稍削薄，削出斧口的样子，就成了敲割两用的石斧。随后又去物色坚固合适的石头来做凿子，不至于崩碎。后来又发现石头还可以再被打磨。把石头放在更坚硬的大石头上打磨，磨出锋利的刀口来切东西，于是钝斧变成了利器。

几百年后，当人们发现可以用兽皮来绑东西后，又有人用皮革把石斧石刀捆在木柄上，就成了战斧。比起最初的"手锤"要锋利许多。打起仗来，也更加有效。

还有一些棱边磨得尖尖的小石块，正是我们现代意义上小刀、锯子等所有刀锯的嫡亲老祖宗。锯子最大的功能是增强了撕裂东西的力量。这实在是件极为精巧的器具。最近改变了形状，由长方形演化成圆形，转起来切东西非常犀利。大木头一锯就断了，好像切奶酪一样。就连钢铁碰见它，也如摧枯拉朽，没有丝毫抵抗力。锤子固然是相当有用的工具，但是，如果没有添上锯这个有力的工具，现代工业绝不可能像今天这样发达。

剪刀，也是石刀留下的一个进化物。它的历史相对要短一些，虽然它的样子看起来很简单，实际上也是相当复杂的。

埃及木乃伊制作者，通常会背着一个考究的工具箱，里面却没有一把剪刀。后来，希腊人和罗马人发明了一种铰剪，用它来修剪篱笆，后来又来剪羊毛。在此之前，可怜的羊儿身上的长毛都是被硬拔下来，多么遭罪呀！这些铰剪后来演变成了现在的剪刀。其实就是两个刀刃合成，钉在一个小枢轴上，手柄做成环状。下次当你在剪纸箱子时，你可以观察一下你的手需要怎样的帮助。

到目前为止，一切都进展得很顺利。但是，人类在延伸自身肢体器官力量方面的智慧——在编年史上的记载是无法淋漓尽致地体现的。

毫无疑问，统治宇宙的神灵们赋予了我们分辨是非善恶的能力，但是，他们却让我们自行选择。因此，先人们在研究神学方面

工场一隅

比我们要认真执着些,他们把这叫作"自由意志"。在"自由意志"的支配下,那些发明力量做的恶事并不少于善事。这多可怕呀!人类作为矛盾的复杂混合物,既会绞尽脑汁地制造炸弹,也会费尽心血附庸风雅。

在人类发展史上,刀的出现是相当重要的。因为人类时刻处在无数凶险中,还要面对那么多的仇敌,不得不用一把刀来保护自己。但是,后来这把刀越变越残暴,越来越不近人情。原本的一把小刀,现在竟衍生出什么长剑呀,匕首呀,刺刀呀,矛头呀,箭弩呀,腰刀呀,土耳其长剑呀,苏格兰宽刀呀,弯刀呀,等等利器。行走江湖时,处处是杀人的利器。只要意见不合,或见财起意,或言语冲突，就要拔刀相见，肆意砍杀，绝不手软，毫不留情。

真是可悲呀！其实人类的发明物，本是一件件没有灵魂的死物。它们像乘法表里的乘号一样，绝不问乘的是什么，100000和10000相乘，与-100000和-10000相乘没啥区别。它们只要把这些数相乘就可以了，除此以外，它们什么也不做，什么也不管。只要给它们几个数，它们就去乘，从来不问结果，不论成败，不管是非得失。

如果把进化当成必然发生的事，可以假定它总是从坏到好、从低到高、从贫到富，谈论起来就相当容易了。可惜事实并非这样。在进化的道路上，陡峭曲折，随时都会峰回路转，实在是奇幻莫测。而所谓"魔力之手"，已经为我们开辟了一条道路，其功劳极大。但是它所做的事，善恶皆有。外科医生救人用的手术刀和斩人无数的断头台是同出一源。

本章的开篇就具有较深厚的政治宗教色彩。很抱歉，我不得不这么说。因为当前，现在机械的用途越发完善，令人着迷，使很多人产生了危险的判断，认为人类的未来越来越轻松，越来越美好。

如果一切顺利的话，人类前途必定一片光明！这就太过于乐观了，实在是危险之极。在这里要特别提醒大家，不要忽略一个事实，那就是现在各国平均给学校花一块钱时，就要给战船花上一百块。我已经让你们心存疑虑，不要过于自信自大，这是大有裨益的。接下来，我要谈另一件与人手相关的新发明，它正是我们使用的农具铁锹。

铁锹的发明者可能是个女人。就手边的农业社会最初记载来看，男人们是不屑于做农活的，他们让自己的妻女和驴子下地耕种。在一个晴好天，有一个农妇用手挖土，实在太辛苦，手指几乎都快断掉了。她就顺手拿起一根棍子或一块石头代替手指来劳动，由此就有了铁锹的起源。

　　当人们知道了青铜、铁、铜和钢的用途后，就开始把这些金属做成碎土器的头和尖，因为木制的太容易断裂。后来又把它们打扁做宽，就有了铁锹的雏形。

　　早期在风景如画的田野里干活的劳动者非常艰辛，这在埃及、俄国和北非的农夫身上体现得淋漓尽致。他们通常都累得身心交瘁，苦苦地跟在一张犁的后面。博物馆收藏的阿拉伯犁（实际上就是加大进化的铁锹）看起来很可笑。但是，现代蒸汽犁的功效足以抵上千人的同时劳作，这在现代人看来更为宜人。现代人更愿去欣赏罗曼蒂克的事物，而不愿看自己的同类像牛马一样操劳。

　　恐怕"现代视野"这个名词并不准确，改称为"人类眼睛"可能比较恰当。因为那些明智而"慈爱"的人，总是把不必要的劳苦看作是吃苦受罪。从古至今，我们就听说了新发明就是为了减轻工人的负担，可是被劳动奴役了几百年的工人们却往往还要抗拒这些新发明，就像是笼子里的鸟儿，反而自愿受到羁困，偏偏要与那些想给它自由的人抗争。因此，即使有些天才的科学家发明了先进机器，能够取代人工，却不受欢迎，无法实行。仅留下几张草图，搁置在抽屉中，落得无人问津的下场。

在意大利托斯纳区佛罗伦萨市附近的一个叫作芬奇的小村子里诞生了天生聪慧过人的列奥纳多·达·芬奇。他整日里想着如何发明新型机器来延伸人们的能力。他曾经提议用机器来开掘波河峡谷的运河，却一直没能付诸实践。以机器取代人力，免不了会使一些人失业，但是却能让成千上万人从中受益。

哪知道连那些从中受惠的人也不愿接受新机器，列奥纳多·达·芬奇又白花了心思。如果他能在低地国家里推广他的机器，可能会好一些，因为那里的人正愁于无法在水下做疏浚工程，正想用挖泥机来试一试呢。可惜他住在意大利，那里的人从来不重视疏浚工程。古时的船舶吃水浅，几乎到处都可以停泊。但是中世纪后半期，特别是北海沿岸潮汐横行，侵蚀河港，就有了挖泥沙的需要了。荷兰和英国的工程师对意大利已经发明的陆上挖泥机或开河机进行改良革新，制造了水上挖泥机以及平底挖泥船。

机上的铲口一片一片地探入水底，不断地挖出淤泥。现在如果这种挖泥机（有时可以挖到水下60米深）罢工一星期的话，世界上会有九成的国际贸易受其影响，出现停滞。

但是，这种挖泥机在水下只有挖泥这一种操作，并不让人满意。而国际贸易却日益兴盛起来，随着需求的提高，必须找到一种方法能让整个木匠店或铁匠店都参与水下做工。但是不管是木匠还是铁匠，在水下一定要有充足的氧气才能正常工作。

当然，对于游泳健将来说，潜入水底捞几个河蚌再出来换气是件很轻松的事（像希腊人围攻特洛伊一样）。人在水底的潜水时间

撬石头

可长达60~80秒。

但是，要让他下水修补船底的一个洞，或是捞起沉在水底的一箱金银，那就不是这一会儿工夫能办得到的事了。要想办法不断补充肺里的新鲜氧气，才能让潜在水底的人安心工作。

最初发明的潜水工具是一根铜管，下面接着潜水人的嘴巴，上面通着空气。不过这种通气铜管只能在浅水中使用，后来废弃不用，换成了皮管。上口系着一个猪囊，可以浮在水面，不至下沉。在两千多年里，皮管是潜水人唯一可用的潜水工具。直到17世纪末，有个意大利人想出了聪明的改良方法，就是用两个普通的波纹管把空气吹进皮管里去。他一试即取得了成功。自此以后，潜水衣和潜水机械逐步改良。

到现在人们竟然可以沉到180米深的水底，去修船或者是找海绵。这个深度是难以置信的。凡是有过在水池底部捞过石子经历的人，都该知道个中滋味。

哦，这一段我可能说得太快了。还是回到之前所说的其他简陋工具吧。它们是在几万年前发明制造的，在人类进化史上也发挥着重要作用。

杠杆就是其中一个。在机械学中，杠杆是最简单的了。人们会说它的由来与山岳一般的古老，的确，它赋予了人们改变山河的力量，比起其他人手创造的工具要强很多。它非常简单却很实用。那些金字塔、墓前堆石和史前庙宇古坟等，都是由一块块巨大的花岗岩石和大石块堆积而成，没有杠杆，这一切如何完成？杠杆是人类手臂的无限延伸，大大增强了手臂的力量。

几经改良，人们已经可以运用杠杆不费吹灰之力，就能举起火车头、大房子或是其他任何东西，而且花费极少，功效却跟上千个劳动力差不多。

还有一项和杠杆相近的新发明。那就是一个人拉的重物比他扛的重物还要重。而他所需要的就是一只拉长的手，也就是现在所说的绳子。

至于人类第一根绳子是用麻做的还是用皮做的，我也不太清楚。但是，棉和麻传入尼罗河和美索不达米亚的时间比较晚，那么应该是先有的皮绳。不过，用纤维绞成绳子后，再用它来吊东西上高架，依然十分费力，还是需要上百个奴隶在下面拉绳子。后来，经过巴比伦人多年的反复试验后（从那些古代的壁画上可以看到这些试验），这一问题得到了解决。

他们发明了一种皮带轮（或叫滑车）。于是从前一二百人才能拉动的重物，现在只要一两个人就可以了。

希腊人在建造时更多地借助杠杆、绳子和斜板的简单帮助。而古代大建筑家罗马人，一心想要开路、造桥、建堡垒水渠和船埠，他们精心钻研，把旧皮带轮不断改进。他们还著书立说，详细论述制造皮带轮的方法，给中世纪人留下了巨大的智慧宝藏。如果没有这些灵活的皮带轮，15世纪就不可能发明出帆船，而没有帆船的欧

古罗马建筑

洲人，恐怕要一辈子困在欧洲这个弹丸之地了。

接下来，我们要说说手的另一种妙用。这一延伸方式，在现代社会扮演了重要角色。

人的手除可以抓、提、拉、打之外，还能做许多事：可以用它来盛东西，像到水边为了解渴，把手作杯状就可以捧水喝；有时两个手掌并接起来，可以装许多干果或浆果。当然，这只是临时救急之法，不能延续太久，手捧一会儿后，就会发酸，要重回原状。

早在50000年前，人类像现在一样已明白这一切。所以他们必须找一个可以长时间盛放东西的器皿来放谷粒，甚至于水。

他们先是找到了死去仇敌的头颅，其上半部分正好派上用场。因为那一部分正像是两只手对接。那时还不时兴埋葬，所以有足够的头颅可以使用。头颅让人感觉很不舒服，但是穴居的人毫不在意，公然用它来装东西吃。一时之间头颅杯盛行起来，后来竟然传入北欧人的宗教里，他们敬神时都用仇敌的头颅来饮酒，还宣称战死沙场的勇士也有资格享受这种待遇。

我们可以很容易地从头颅杯跳跃到现在运谷子的升降机。因为两者都是代替空手来盛放东西。话虽如此，实际上，在人类建造货栈、仓库和水塔以前，先要不断改进空手盛物的方法。这个过程非常有趣。

如果没有搞错的话，在头颅杯（或是手，在读本书后你会这么说）之后的第一个替代物应该是篮筐之类。

编筐工艺由来已久,是人类古老发明的几种手艺之一。

  编筐工艺由来已久,是人类古老发明的几种手艺之一。石器时代人们大多住在江河之畔,那里到处是柳树呀、芦苇呀什么的,很方便拿来编筐。在原始社会,人们很重视这些篮筐,这些由树枝和芦苇整齐地编织在一起的各种图案和花样,一直流传到中世纪。那时建筑大教堂的石匠们还仿照这些图案雕刻柱饰。

  但是,木质的东西很容易腐烂掉,我们只能从其他方面来证明当时的编筐工艺是怎样的精妙。在早期社会,制筐的编艺工人社会地位极高。当他们后来在柳条筐外涂上一层泥,或包上一层皮,就越发受到人们敬佩,毕竟他们为人们创造了很多有用的新器物。

  后来,有人用编筐的方法编成小艇的框架,再裹上皮革,居然就做成了船。接着,就有了盾牌,又轻巧又灵便,战士们拿着它到处征战,开辟疆土,驰骋四方。

还可以用柳枝造房子,先构建出框架,再涂上泥就可以了。这个原理与前几年工程师先建好钢铁架,然后在外面涂上水泥来造房子是一样的。编筐技艺最有趣也是最有利于人类文明发展的是把泥涂在器物内,做成不漏的器物,帮助人们装东西。

这种新器物并不完美,因为那层厚泥老是软软的,干不透。但是,比那些旧式器物已经进步很多,所以在市场上销路很好。

接下来很重要的一步,是把柳条筐转变为陶罐,这完全是无心插柳之作。

陶器

其实，在人类发明史上，偶然性常常扮演很重要的角色。在功劳簿上，应该狠狠记上一笔。可能是一次偶然的失误把筐掉进火堆里，或者是洞中失火，再不然就是敌人突然来犯，纵火焚烧抢掠了整个村庄。反正有那么一次，等把火扑灭后，扒开灰烬，筐上的柳条框架已焚烧殆尽，仅有那一层泥不但没被毁坏，反而坚硬得跟石头一样。

这就是制陶业的起源。

柳条筐渐渐被人们废弃不用了（除了装些固体物品，像是橄榄呀、马铃薯呀、谷物呀等），取而代之的就是陶器了，做成掌心一样的凹状，用火烤制后，连液体都能装。

刚开始，要从河底深处挖些适用的泥土，用手指打磨，做成空心状。这道工序做起来很慢，不过也没有其他方法。

直到有个埃及人发明了陶工旋盘，这一切才得以改善，节省了不少劳力。先是用左手推转旋盘，右手拿着泥慢慢放上去，旋盘越来越低了，直到最后变成圆盘状，要靠脚的帮助才能继续旋转。

与此同时，陶器的烧制方法也有了重大改进。

很明显，中国人最早有了用窑烧制陶器的想法。窑是一种四周封闭的闷炉，这样可以让烧制品在炭火的烘烤下保持在适度温度。后来经过巴比伦王国（4000年前巴比伦是沟通欧亚的中枢），这种新方法很快传到西方。希腊人和罗马人很快成为制陶专家。他们在制陶方面加了新花样，在陶器外表涂上一层釉。

于是从花瓶到家用的杯碗盆罐，都顿添光彩。由此从陶器进入到瓷器时代。说到上釉法，是腓尼基人最先发明，后经过埃及人才传到欧洲。

到现在我才有机会提起腓尼基人。他们住在地中海东岸。在古代是东西方的流通中介，在地中海传递着消息。他们自己什么也不做，但却贩卖一切东西。他们对文学和艺术不感兴趣，在世界文明史上几乎没啥作为。他们唯利是图，贩卖奴隶，大发其财，又刻薄成性，见利忘义，所以遭到世人唾弃。不过，令人称奇的是，他们竟有两项很重要的发明对后世影响深远。

一个是玻璃，可以保存液体。另一个是文字，可以记载思想。

到底是谁最先发明了玻璃？至今依然争论不休。据罗马和希腊记载，是一个腓尼基人先发明的。据说当他走过沙漠时，偶然把锅支在几块天然的碳酸钠上。第二天早晨，他发现地面上的沙粒和碳酸钠竟融在一起，结成小粒的透明体，甚至能代替天然珍珠。

腓尼基和埃及是近邻。直通两地的现代火车，车程不到10个小时。不久，孟斐斯和底比斯的珠宝商们就开始四处兜售玻璃项链。不过，此后，他们发现只要用火加热，玻璃就会融化，融化后可以制成各种形状。有一两幅埃及的古画可以证实，古埃及人已经学会用吹塑管的方法制作玻璃瓶。可惜这些画大多模糊不清，不能确定他们就是制玻璃的人，还是其他行业人员。

但是，罗马人却是制作玻璃的高手。他们用玻璃代替柳条和泥土，做成种种器皿。以前用来盛东西的器皿，都是用玻璃制成的。

人类的手现在越来越有力量，但同时也变得越发脆弱了。

正如我前面所说的，在人类发明史上，偶然性常常扮演很重要的角色。不过，人类的恃才傲物也推动人们不断发明新物件用于日常生活。

刚开始，家世较好的罗马人还比较满足于使用普通陶器。可是，当市场上充斥着从英国和莱茵河流域来的劣等货时，这些富人们就不高兴了。

他们不愿和平常人家一样用便宜的杯盏，情愿花高价买贵重的玻璃瓶、玻璃盅、玻璃爵，以显示其雄厚的家底。既然有人愿意花大价钱买讲究的东西，自然会有一批良工巧匠想尽办法来满足这些需求。这些巧匠们不仅热切，还真有这样的实力。

罗马人不善于绘画，也不好诗文雕刻，但在衣食住行方面的讲究，在当时还真是首屈一指的，是他们最早郑重其事地看待就餐这件事，认为吃饭时应当从容优雅，而不是一哄而上，争食夺饭。

虽然他们并没有发明用叉子来代替手指（这是晚期才出现的），但却教会了人们如何布置餐桌。一张整洁雅致的餐桌，是从狂吞大嚼到细嚼慢咽地优雅就餐的第一步。

自从发明了人工集装箱，以前许多只靠两手无法完成的事，现在是易如反掌了。

只要用由杠杆、水桶和绳子组成的简单灌溉机器，就可以把河流湖泊边上的大片土地浇灌得丰饶肥沃。于是，同一块地现在可以多养活更多人。几百年里，几个国家的人口竟然猛增了两三倍。

另一方面，人手作为输送机，也大大增进了人类的幸福。

我指的是水渠和其他水利设施。古代的医药知识有限。大夫仅知道生理知识方面的皮毛。连现在小学里教的课程，他们都不完全了解。但是，即使如此，他们也知道在人口群居的地方，必须有清洁的饮用水。

凡是江川河流的水，只要有充足的阳光照射，就可以自滤掉水里的细菌等污物。不过随着市镇一天天地繁荣，乞丐越来越多，周边河流很快就变成了蓄污池，里面有许多有毒的微生物。当然，山里的泉水非常清澈，可以用手捧回或装在杯子里带回来，但是这个方法太笨太慢，远水解不了近渴。于是盛东西的手慢慢发展成为引水渠。

凡是游览过古城遗址的人，在看过古人们修建的高渠长槽和泉眼井口的残垣断壁后，就会知道那些最初想到这种方法的工程师们实在是人类的施恩者，是他们把山中清泉引入城来润泽万民。

到此，我们已经说了太多"盛东西的手"，现在来谈谈能抓东西握东西的手。

常用的锁就是最重要的例子：当人类建造了房屋后，会在里面堆满值钱货，一方面是为了自己享受，另一方面也是为了向他人炫耀自己的财富。

为了免遭仇敌和朋友觊觎自己的财物，他不得不想一个方法，既让别人无法进入，自己也可以来去自如。这看似容易，实则很难。

当然，一个普通的插销就足够了，但难题是按上插销的人会把自己也关在里面，永远也出不去。于是，就有人想了个办法，那就是只要外面的人拿着正确的铁针就可以从外面解开插销。

门销和铁针合在一起，就形成了现代意义上最可靠的锁。与公元前13世纪时期埃及图片中的门闩相比，锁的结构并没有发生太大变化。

不管这些锁有怎样花哨的名称，它们都真正替代了人手。

连中世纪时期那些风景如画的城堡以及保家卫国的边疆要塞堡

门销和铁针合在一起，就形成了现代意义上最可靠的锁。

垒，都与门闩脱不了干系，或者按本书的话语习惯，就是提升版的手，增强了N倍能力，远远高出了简单门闩的效力。

由此就进入到下一个我要详细讨论的话题。

我之前说过人类的手没有灵魂，也没有意识，更没有感情。它既可以造福人类，也会给人类带来巨大灾难。因为，世界有这样一个规律，那就是每个生物要想生存下去，它就必须毁掉其他的生物

人类的手没有灵魂，没有意识，更没有感情。它既可以造福人类，也会给人类带来巨大灾难。

（不管受害者是一朵金盏花，还是一头牛）。所以，我们就不能埋怨人类充分地发挥手的能力，以获得更充足的食物。

人类首先做的是用一块石头来代替自己的拳头。

接着他打磨石头，让它变得锋利。

然后，把石头制成斧子、刀子和渔叉。

有了渔叉，到严冬季节食物难觅之时，奇迹就出现了。不过猎取的食物总是不够吃。后来他寻思着，把手变成一个巨大的网，一次就可以捕到更多的鱼，这样远比用同样的手使用渔叉要好得多。于是，就有了渔网。它就像是一个巨大的挖掘机，每次探到水底总能捕捞上千百条鱼。

捕鱼当然算不了什么慈善事业。但是你能不捕吗？这是必须做的事。人要活下去鱼就得死。鱼被捕出水，慢慢地窒息而死。不过，无论它们多么难受，也说不出口，因为大自然在创造它们时没有给它们话语权。

更何况，对于他人的窒息而死，人类早已司空见惯。人们早就发现，让他们窒息而死是消灭敌人，或是那些奴隶市场上惩罚战俘最便捷的方法。

至于是谁不断提高手的扼杀能力，以至于演变成现代的绞刑架，仍然无从得知。埃及人（秉性温良，爱好和平，穷却穷得十分均匀，富也富得相当普遍，所以少有盗窃之事）并不知道这种惩罚形式；希腊人虽骁勇好战，却不是刽子手，况且他们具有较强的艺

吊死战俘

术审美感,更愿意让罪犯安坐室内,一边与朋友聊天,一边喝下毒酒,从容体面地死去;但是,崇尚"秩序"的罗马人,发现绞刑是铲除异己最有效的方法。

到中世纪,酷刑大行其道,保留鼻子的刑罚,已经算是温和的刑罚了。既然我们触及人类对于同类的残忍,就在此时此刻完全可以把人手当作一件暴虐的器具来结束本章,不必隐讳什么。我们越早结束这个话题,就越能为自己保留一点儿尊严。

说到这里,您也许明白了战斧其实就是增强版的拳头。战斧(古时常用的武器)可以被掷到很远杀人,相当于伸出长臂去打人。但是,无论是战斧、长矛还是石头,仅靠人的手臂力量是不能达到很远的。要想个再好一点儿的办法:一要掷出去的兵器够锋利,足以致命(好比人手上缚了尖锋和利刃);二要保证足够的距离(掷时人要站得够远,不能让对方一刀就能砍到投掷人的身上)。为此,无数人殚精竭虑,花费上万年的时间,最终发明了弹弓和弓箭。

弹弓由于过于粗糙，很快就不被使用了。而弓箭因为准确性更高些，一直留传下来，并在形状、尺寸和射程上不断改进，攻击力越来越强大。到中世纪末期，我们的老朋友列奥纳多·达·芬奇又发明了固定的弓箭，其战斗力几乎可以媲美一座小型加农炮，任何坚固的盔甲也挡不住它的一击。

但是，在战场上人是相当狡猾的，诡计百出。有了新的进攻武器，很快就会有相应的防守武器来攻破它。当石矛刚出现时，就有人发明盾牌来防御它。制矛者急了，赶紧想办法磨利矛头，穿透一般盾牌。制盾者又慌了，忙扯来牛皮蒙在盾面。制矛者哪肯罢休，又花费一番心血，把矛改进得更锋利些。如此循环反复，就出现了厚盔甲和大炮。

但在14世纪，制矛者曾有一时好像已经胜过了制盾者。这时有人发明了火炮，把过去用来打火的硝、硫和炭混杂在一起，就变成了猛烈的火药——燃烧起来，威力极大，特别是装在空心铜管里，可以把大石块轰到几百尺远。

这件新发明的武器，可惜出现得晚了些，不然十字军有了它，也许真能攻下巴勒斯坦。不过，自14世纪中叶，每场战争都少不了它。

火炮，这个奇怪的名字来历有点儿不明。有人猜测是"gunnilde"（用铜管中打出的石头来攻打敌人）的缩写，这有一定道理。就像早期的怪物们都是以那些普受欢迎的女士们来命名，如同克虏伯夫人那个有名的工厂所产的42厘米长的东西被亲切地称为

"迪克·伯莎"。

不管火炮叫什么名字，这个动静极大的家伙在战场上称霸一方，成为最致命的武器。那些贵族骑士们向来不把步兵放在眼里，现在步兵有了火炮，攻击力量骤然增强，反击速度也更神速，吓得骑兵们魂飞魄散。他们立即通过了禁令，声称这项新发明"违背了文明战争原则"，并宣布一旦抓到有人佩带火枪或玩火炮，就以强盗的罪名法办，处以绞刑。

但是这一禁令却丝毫不起作用，火炮依旧难以禁绝。对那些饱受压迫的中产阶级市民和农民而言，它是强有力的保障，所以，他们怎么也不肯放手，最终成为封建王朝铜墙铁壁的致命大敌。如果再装上两个轮子（变成可以移动的手），将会更加便利，征战沙场的勇士们会更喜爱它。如果在战场上能有一大批火炮的话，那可真是备受全能的上帝的厚待呀！

我已经介绍了手的决定性意义的一面。石锤的发明者肯定喜欢吃硬壳果或龙虾、牡蛎之类的食物。但是，随着人类生活日趋稳定，他们厌倦了每顿都吃死动物，开始在食物中添些谷物。

古时人吃饭一点儿也不规律（不是撑得太饱，就是饿得太苦，结果就很少有人活到老年，那些发掘的遗骸就足以证明）。最终有些部落厌倦了老是饿着肚子四处奔波地寻找食物，他们就安定下来，在山坡边舒适的草原上过着相对悠闲的生活。然后，总有一些聪慧的人（大多是妇女），发现了一些新谷类，在沃土里，只要简单的工具就可以种植。当这一切发生时（常常几万年才能发生），人们慢慢觉得用手或锤子来碎谷或去皮实在太笨拙了,他们急切地需要更有效的方法。

这种需要就有了发明的动力,于是人类的两只手就分别转化成臼和杵。

再后来觉得连这种方法都太慢了,要榨点儿橄榄油也要舂上半天,就把杵臼改为了磨,由此省去了许多劳苦。

刚开始时,是由人力来推磨。两个人绕着圈子走,或用骡马代替人,即使是死命地干,也出不了多少成果。直到罗马人发明一种

火炮最终成为封建王朝铜墙铁壁的致命大敌。

风磨

借外力的方法,就是借溪流河水的力量来代替人力。

在山脉众多的地方,水车有极大的用处。可是一到了平原,就无用武之地,几乎成了废物。还有一种原动力,在地中海沿岸并不多见的,那就是风。

北欧因为多风,就造出了风力磨坊。当四个"手"高高举起时,那对磨石就随风快速转动起来。这种风力磨坊很快就在北欧盛行。

最初(也就是说,在12世纪早期,当磨在低地国家也普遍使用时),风车的那些人造手是固定在"木排"上,这样一旦风向发生变化,整个机器就会转运。后来把上面改成可以移动的,这样一来,这些"手"就有了更多的功能,像是锯木头、造纸、制香料、磨鼻烟、碾米以及带动旧式灌溉机等。从前需要人手做的,现在都托付给风车了。

但是,所有这一切都离不开源源不断的风力。在那些远离海洋的地方,这个方法是行不通的。

如果再缺水力的话,他们只能靠人力(最无效也最缓慢)或马力(速度是快些,但成本也极高,妇女和小孩承担不起这个代价)来发动机器了。于是,就迫切需要发明一种新的原动力,既不依赖天时,价格又公道合理。

人类有史以来就知道可以从地下挖出一种乌黑的物质(有时离地表很近),用作燃料比木炭泥煤和干草要好上百倍。罗马人把它叫作"嘉宝"(我们叫作"炭");希腊人管它叫作"炭"(我们

中欧森林。

称之为无烟煤）。

当我们的祖先在中欧森林中出现时，最早接触的文明萌芽就是"kol"，我们把它叫作"煤"。它就是一种几百万年前凝聚下来的能量。那时的阳光极其强烈，地面非常潮湿，地球表面覆盖着高大茂密的森林。

罗马人和希腊人曾想尽办法开采储藏于地下的煤矿，但他们的开采技术很糟糕，想不出更好的办法，只好叫奴隶们用手去挖，或者用石锤去击打。这种办法过于单一，效率很低。

但是，到了17世纪，随着商业和贸易的重新崛起，对于煤的需求量越来越大。那时已经实现工业化的英国，开始竭力开采煤矿。那时的矿井只是权宜之计，但是，即便如此，也不可能让它们免受地下水的侵害，除非不断用一种新的代替人手的机械，即"抽水机"来抽干地下水，要不然整个矿井就要被淹没。

不过，抽水机价格相当昂贵。刚开始，它们是由人力来操控，接着是由骡马来代替人工。但是，即便如此，也很难使矿井保持干燥，而卖煤赚来的利润大多都花在抽水机上。各国矿主们都大声疾呼，渴求一种价格低廉的新机器来代替人力和畜力。于是几个有科学家头脑的人，想起在某本书里说过，150年前在亚历山大里亚曾经有人用铁做了一个机器奴隶，以火为动力，可以像真正的奴隶那样做事，据说还大获成功。

可惜尼罗制造的传奇式的"消防车"，早就随着罗马帝国的沦陷消失在故纸堆里去了，究竟怎样来研制已经无从考证。

但是德国、法国和英国有些敢于实践的人，决心重新研制机器人。他们潜心思索，反复试验，竟然很快成功了。"消防车"很快与世人相见。

不过，人类发明史上有这样一个定律：那就是赋予无生命的东西以活力是一回事，但是要克服大众的习惯性思维则是另外一回事了。其实，这并不让人惊讶。在这个星球上生活的人大多都是普通的平凡人，就像树木、池鱼和走兽一样，力求安定有序的生活。当他们习惯于某种生活后，就不愿意有任何突然的变化。所谓人类的先行者，就是富于冒险性，且敢于铤而走险的勇敢者。

这就是为什么这种人常遭邻人嫉恨，很少（除非活到100岁）会由于他们的贡献赢得其他社会成员的感激。

这就是为什么丹尼斯·帕潘、德拉·波尔塔、乔瓦尼·布兰卡、伍斯特侯爵为解放人工而做着种种尝试时，却遭遇各种磨难的原因，这也是为什么美国的费斯克竟被逼自尽的缘由。

当他们试验车轮和杠杆时，不时发出的冲压、叹气和呻吟的声音，引起那些理性市民的忧虑。机器不外乎是由石头、钢和铁组成，一发动起来，十分喧闹，且又冒烟喷火，连累几百万人不得安宁。这些人早已习惯了男耕女织的田园生活，他们习惯了靠着双手拖呀、拉呀、提呀、抬呀地干活，忙忙碌碌的一辈子。从出生那天（或者最迟五六岁时）到踏进棺材为止，数十年如一日，虽然过得并不很舒畅，但也安稳一生。这也是大部分人想过的生活。

当发明家们告诉人们，地下埋藏着丰富的矿产资源，只要把

蒸汽机

它们挖掘出来,可以省下上百万的人力和畜力,由此免去很多人的困苦。听罢,这些人只问两句:"这是不是意味着我要改变自己的习惯?那我还要不要学习新知识?"当发明家们给出一个肯定回答时,他们立即就吓坏了,不愿再听发明家们的进一步解释,诸如,人类最终会免于牛马般的劳役之苦,这样可以事半功倍,社会将变得更加富足,人类也不用常常受伤,等等。无论发明家们怎样劝说,他们也置之不理。他们认为长久延续下来的生活习惯将被中断,要被迫过着一种与祖辈们不同的生活,对此他们很是惶恐不安。这些想法已足够让他们诋毁新发明是对神灵的亵渎,是对上帝权威的挑衅,也足够让那些修道士们去谴责这些罪孽深重的无耻之徒竟然妄想改变全能上帝的杰作。

詹姆斯·瓦特之所以能获得成功，固然是因为他改良的机器已不需要人力的帮助，其实最主要的原因在于他生活的年代较晚。当他把自己的发明公布于众时，人们已经听了近150年的宣传，开始觉得以蒸汽来代替人力是可以接受的，反对声渐渐弱了下来。

从此人类历史翻开了崭新而又奇妙的篇章。

人们先是用人力在矿井里抽水，接着畜力代替了人力，然后改用发明的蒸汽机。人们逐渐发现蒸汽机不仅可以抽水，还可以做更多的工作。于是，蒸汽机广泛盛行起来。蒸汽机每天要耗费上百万吨的

采煤 ▲

煤炭，这就需要开采更多的煤矿。随着越来越多煤矿的开采，更多史前储藏起来的能量被人们开发用于保证机器的正常运转。慢慢地，煤矿开得多了，开矿的机器也增加了。发展到最后，形成这样一种局面：哪个国家境内出产的煤最多，哪个国家就能称霸世界。

这当然不是那些机器的发明者们乐于预见的结果，这与人类原本崇尚的目标完全背道而驰！人们刚刚脱离又苦又累的劳役没几年，就被这种毫无生命的机器奴役得如此疲惫不堪，比起20年前的监工，这些机器更加无情。

我们只能这样来劝慰自己，那就是烧煤的蒸汽机在达到鼎盛前

把机械能转化为电能。

就已经走上末路。并不是因为史前储备的地下煤快要用完了（我们离这个日子还远着呢），而是因为用煤带来的种种不便。它很难开采，又脏。只有生活在最底层的人才愿去干这样的活。深入地下几千尺去挖煤，让别人在地面安享阳光，谁愿意这样呢？煤矿和储煤的仓库，会把几里以内的风景都破坏殆尽。而且，煤炭的运输费用又极昂贵。

如果只有蒸汽机才能代替人力，用它开采推动上百万个机器轮子的能量，我们将别无选择，唯有完全依赖它。我们永远无法忘记早年那场声势浩大的煤矿工人大罢工！

现在只要有矿工罢工，社会发展就会陷入瘫痪境地，人人都能感受到它带来的后果，不是挨饿就是受冻。不过，人们对煤的依赖远没有以前那么强烈——蒸汽机不再是主要的推动力。大概在60年前，在原动力家族添了一个新成员——发电机。当它刚开始出现时，还比较弱小，人们曾经以为它不会持续太久，连发电机的创造者迈克尔·法拉第也预言它的前途并不美妙。

但是，随着人类对原动力的需求越来越大，像这样能把机械能转化为电能的办法，实在是太宝贵了，怎么舍得将其束之高阁呢？今天，发电机和蒸汽机对于社会的贡献是相等的，尤其是在节省人力方面。

不过，发电机运转起来要安静得多，不像蒸汽机那么喧闹，所以人们越来越愿意使用发电机。

然而，半个世纪前，当蒸汽和电力似乎已经平分天下时，哪曾想到，半道杀出个程咬金来，它一出现，就声名鹊起，备受关注，着实有种要取代两位"老资格"的架势。这个新来的"小伙子"就是汽油原动力，它主要是靠腐烂的动物来获得能量。这跟蒸汽机主要从腐烂的植物那里获得能量的原理是一样的。

汽油机的燃料是一种油质，它深埋在地下。早在4000年前人们就猜测过它的存在。那时，人们偶然发现从松石下会渗出少量的油，但也只是用来点灯而已。石油究竟是什么物质，人们不得而知。直到今天，人们在化学方面的认知有所发展，也仅能猜测石油最初是什么。虽然，我们可以猜想石油大概是一种动物质，而不属于植物质。几千万年前，那时的地球还不是现在的这个样子，无数微生物死后变成了液质，就形成了石油，但对此我们并不确定。虽然小滴汽油（从石油里提炼而成的物质）已经成为非常重要的动力，甚至连国家的命运走向都得仰仗它，然而它的来源仍是未知的，就像当年埃克巴塔拉和巴比伦用岩石油在相互焚烧对方城市时，却并不知道所用的岩石油从哪里来的一样。

但是，汽油机的科学构造成分并没有引起太多的关注。它的用途却一日千里，越来越受到人们的欢迎。汽油机消耗很大，人们要四处去开采油田，终日忙碌不停，却也远远没有它的需要量增长得快。于是，一些科学家发出警告，他们预示着随着石油的消耗殆尽，很快汽油机会变成废物。

当然，就我看来，这有点儿杞人忧天了。人类已经享受到了从辛苦劳作中解放出来的快乐，当然不愿意再过老一辈人那样牛马式的生活。无论怎样辛苦，也要找到一条新生之路。所以，人类到处寻找新的方法来代替手,还想建造新的工厂,利用大气的气流做原动力。人们还想着利用瀑布、山涧和海潮作为发电机的原动力。后来,又把主意打到了太阳的光线上,觉得不能让它平白流过,要善加利用太阳能。还有人尝试着(目前并不太成功)把煤从固态转变成液态,或者发明一种新乙醇来代替石油。

毕竟汽油机一旦没有了原料,这个贪婪而精心制造的大家伙就会罢工,连个轮子也转动不起来。

一些所谓的文人墨客喜欢大肆地谈论科技发展的近景如何如何。就我所知,某个聪明的发明天才,会想办法把黄蜂和蜂鸟们的翅膀扇起的微风转化为动力,以带动机器转动。而且我十分确定,在世间石油尚未采尽前,总会有人能够集思广益,凝结众人智慧,

扛东西

创造出新方法让那些可怕的机器们一直转动。

由俭入奢易，由奢入俭难。那些坐惯了汽车的人，肯定不愿再用马车来代步。因此为寻求新的原动力来代替地下臭不可闻的石油而花去所有的财富，他们也绝不吝惜。

作为人类的一员，我并不对人类取得的成就引以为傲。我反倒觉得我那只温顺的达克斯狗傻蛋要比我的一些朋友快乐些。但是，这毕竟也只是一种心情，一种暂时的心情。小狗的世界是"完全已知的"——它只要能表达自己的忠诚，讨好主人，就能坐享一个卧床、充足的食物以及偶尔洗澡的优待了。

也许，当我能排遣一切忧虑，我也能完全服从命令，不去追逐邻家的小猫，也愿听从人的呼唤，那么我也能以宁静满足的心态来看待日子的流逝。但是我将失去人类所享有而动物们无法享有的幸福感——那就是我能够意识到这个世界确实在动，正如已故的伽利略所观察的那样。这里所说的"动"，当然不只是地球绕着太阳转动，而是人类的成长，人类逐渐变得总比以前更聪明更文明更坚忍，也更和善。

不幸的是，人类的手的发展速度远远超过了人类的脑的进化速度。也就是说，在机械方面，我们已经迈入了1928年，但是在精神层面上，我们并不比祖辈们高明多少。简而言之，我们就是洞穴人，顽皮地跑出来坐坐雪佛兰，绕着圈子玩玩而已。我已经清醒地认识到这一点，不过我还不愿轻信那些战败论者。他们劝我没必要费尽心思去研究那些根本无法解决的问题——因为人类注定要失

工厂的烟囱

败,因为我们大肆吹嘘的知识,只会带来毁灭和不幸。

毫无疑问,在过去的12年里我们就像傻瓜一样。

但这又有什么了不起呢?

第一次世界大战的爆发并不是因为我们知道得太多。

它恰恰证明了正是我们知之甚少,才带来了灾难性的后果。

同样地,社会上危机四伏,人类四面楚歌。有人把这一切归罪于工业革命,说是由于一连串的替代,即从人手到蒸汽机,到发电机,再到汽油机,从而使人心越来越不知足,弄得怨声载道。这真是滑天下之大稽。我并不是拒绝承认世间种种不如意之事,或是对一些事实视而不见。

可是这些情况与主题无关，只能算是些琐碎小事。

我们不能因为有几个懦夫偷食鸦片而遭受警察查禁，就让医院禁用鸦片药品，不给病人进行吗啡治疗。就像我们不能因为有一个顽童偷开家里的汽车，驶到池子里闯了大祸，就排斥汽车。这当然是不对的。

不，这些铁家伙既然已经来到我们的世界，不管人们有怎样的议论，都不能就此剥夺它们的权利。

工人们要亲力亲为、事事动手的日子，已经一去不复返了。除了一些高技术含量的工种，工人们背负沉重的工具箱东奔西跑的日子，也不会再现了。而工人因欠钱而不能购买高昂的、普通技工无法掌握的器具，只得坐在家里汗流浃背地钻研那些机器发明物的可怜日子也已接近尾声。

作为优化和集中化手段的公共之手——工厂化的时代已经到来，与它做无谓的抗争是极其愚蠢的。如果一个国家的国民，在完全没有做好心理准备的情况下，突然被迫要快速接受全新的生活方式和思想方式，而我们对由此可能引发的大量矛盾和困难视而不见的话，就更是一种罪恶。

机器工业时代毫无预警地来到我们身边，几乎像冰川时代来临一样快速。惊慌之余，一定会发生许多我们不愿见到的事情。

## 04 从脚踏实地到直上云霄

对于古人而言，出门要花费多长时间，是几个小时、几天还是几个星期，他们并不在意。但是，他们非常重视出一趟门要花费多少力气，脚底会磨出多少疱，一路要渡过多少条河，腿上被荆棘刺成什么样。

当人类在寻找手的代替品时，也开始找脚的代步品。而且，总体来说，后者的成效好一些。

连最低级的动物都知道役使其他动物，代替自己做自己不想做的事情。人类更是很早就学会驯服其他哺乳动物，以骑着它们来代步。

最先被人类驯服的是马。骑在马背上，人类只要花很少的力气就可以舒适地到达遥远的目的地。不过骑马要有足够的技巧才行。普通人恐怕难以驾驭，为了免遭断腿折肢之祸，还是老老实实地徒步行走。

其实，如果人跟动物一样身无他物地行走，走路也不算是件辛苦事。但是，好景不长，随着人类文明的发展，人们开始有了些家产后，就成了这些家产的奴隶——走到哪儿，就要背到哪儿。

不久，人们就发现，背着远不如拉着省力，就改

推车

扛为拉，运送方式发生了变化。冰川时代，地平如镜，拉橇很方便，用块平板叫人或是驯鹿拖着就可以了。

后来，人们在平板底下垫个滑行装置。刚开始这个滑行工具是由骨头做成的；等到金属普及时，才换成铁；最后换成钢。橇身本来的形状没有改变，等到其他的人造机械发展得相当完善后，它才有了变化。

人类发明了轮子后，橇还是老样子。17世纪到18世纪里，大商埠的运输事业几乎全靠橇来完成。因为造轮子太过昂贵，宁可多累死几匹马，也不愿找车匠做四轮运货马车。

那位为人类发明车轮的无名英雄，不知可有人为他铸造铜像！

他是造福全人类的大恩人之一，但是很少有人会想起他。

当然，现在看来，他做的事相当简单。令人难以相信的是，人们竟然一度连用圆木轮来帮助运输这么简单的道理都不清楚。

是的，的确有这样一段时期！不仅如此，甚至还有许多国家的人，已经在地球上生活上万年了，竟然从来没见过这种东西。美洲的土著人就不知道造轮子，当西班牙人征服他们后，他们看见马车很是稀奇，就像看到大口径枪炮一样地惊讶。其实他们并不愚笨，智慧并不比当时的欧洲人差，他们在算术方面有很高的造诣；在天文方面，更是比埃及人和希腊人都要强。但是他们却从来没有想过可以造轮子，这也许就是他们落后的原因之一吧。一遇到来自西方的白人，他们就甘拜下风。

现在博物馆里藏有最古老的车轮，据说是从埃及王陵里挖掘出来的。巴比伦石刻上有长须的君主驾着装备精良的小车，勇敢地追逐猛狮。荷马就像耍弄君王一样，拿马车来戏玩。《圣经》中记载的马车也不甘囿于地面，竟然一飞冲天，冲破层云，惊动了天堂的最高层。

其实，在古代史里处处充满着快车飞车的传说。人们只要特别敬佩哪个神，就会把他描绘成一个胆大妄为、驾着快车的御者——驾着一辆露顶的马车，自告奋勇地上天追日或下海寻月，或是其他一切可以展示驾驭技巧的艰难险事。

那么最古老的马车是不是人类最理想的代步工具呢？这还有待商榷。那时除了老弱病残外，普通人并不常坐它。他们一般是骑在马背上或骡背上。后来罗马分崩离析，民政松弛，无人修路，马车和货车竟然无法通行。一时之间，有轮的东西都变成了宝贝古董，只有富人们才用得起，就像现在的私家帆船或花车之类。后来，在欧洲许多地方简直连马车的影子都不见了。直到16世纪，大陆恢复通商后，急需用货车，最终，古罗马旧式的马车重新登上欧洲的大道。而瑞士村庄的羊肠小路上，再也听不到中世纪传下来的驼铃声了。

但是，很快人们就不满足于用骡马把香料和纺织品从东方笨拙地拖拽到西方，他们想要更快捷的方法。恰在此时，海上的帆船渐渐兴旺起来，取代了用船工摇桨的传统方法。如果一帆风顺的话，完全可以大有作为。水上可以有这样的成就，为何不在岸上也试试呢？

有个聪明的弗兰德人尝试把车和船的功能结合起来，在四个轮子上加上一个帆，居然有效果，而且效果出奇地好。不过它只能向一个方向前进，无法转帆掉头，最终还是被淘汰了。后来还有人想用人力来推动车辆，也失败了。

这样过去了几百年，一直没有成功。最终有人想把多功能的手的方法运用到多功能的脚上。

第一次尝试是运用加农炮的蒸汽原理，现在说出来，有点儿替人类难为情，但这是事实，无法隐瞒的。

1769年，法国人屈尼奥建造了第一辆用蒸汽力推进的汽车，这辆车原是法国陆军部定制的，想要看看蒸汽到底能不能代替马匹来搬运大炮。他驾驶着这辆蒸汽车，缓慢地在路上行驶。这辆车很是与众不同。现在的车都是比照两足动物或四脚动物，要么两个车轮，要么四个车轮。他那时却偏要三个轮子，走在并不平整的马路上，1个小时才行进4千米。

如果发明者能操控得当，让它一直安行在康庄大道上，倒也还好。但是，它却总是要歪向田间，而且车闸也不太灵便。

最终还是以失败结束。很快被人们放弃，无人问津了。

这一切也许要怪罪于发明者，他的设计太糟糕了，也许是由

货车

于军界大多数人对新观念奇怪的敌视。法国炮兵专家就反对这种新式机器。50年后，意大利有个叫波拿巴的雇佣兵，当听到有人能够驾着蒸汽船横渡英吉利海峡时，就大肆嘲笑，就像是75年后，连美国陆军部也不相信战地医院可以用麻醉剂，只是因为那时人们认为乙醚是毫无用处的，更是危险的。

更不用说，当无马之车一经问世，立即引起了那些山姆·韦勒（马车夫）的极大恐慌。他们坐在高高的车辕上痛骂创造新车的人，认为用蒸汽来赶车，分明违抗了上帝的旨意，这是对上帝权威的挑衅。

这样只会把庄稼害死，使马匹绝种，最终会使整个国家都陷于崩溃。

天生的发明家就像天生的画家或天生的诗人一样，这些优秀的人才在门外汉眼中就是一群怪人。他们吟诗，绘画，发明新机器，并不是自己想这么做。他们做这些多种多样的事，只是因为他们根本无法控制自己不去做，他们与生俱来地就有一种天赋的好奇性。在他们看来，生存是次要的，重要的是吟诗，是绘画，是发明，即使只是为不满足和渴望而死也是值得的。

凡有新观念问世，至少98%的人会厌恶地抵制它。他们会给报社写信，请求编辑们以最大的力量来规劝这些狂妄之徒，让他们不要在天上乱飞，不要跑到北极探险，不要在管乐器上弹奏新曲，不要把青年们引入歧途，等等。

幸亏还有2%的人根本不理睬这些人的奇谈怪论，拿着这样的报纸,不是用来生火,就是拿来扇风。不管是淑女们的洒泪恳求,还是爱国团体的忠言相告,他们都置之不理。这些人确实有点儿疯狂,但也正是其难能可贵之处。太过聪明的人,会成为涉险犯难的时代先行者吗?当然不会。如果世上全是平庸之辈,恐怕今天我们还要在树上过日子呢!像猴子那样摆动着长尾巴,跳来蹿去。

现在我要稍稍暂停这个话题,接着来介绍另一种关于多用脚的发明,它所受到的非议远远超过其他发明,它就是火车。

人们一般认为是理查德·特里维西克、威廉·赫德利和乔治·斯蒂芬森发明了"铁马"。

在他们那个年代,讲究的是从容文雅,从容不迫地嗅着鼻烟,缓慢有序的交通。在那个信奉基督教的社会,他们对火车的

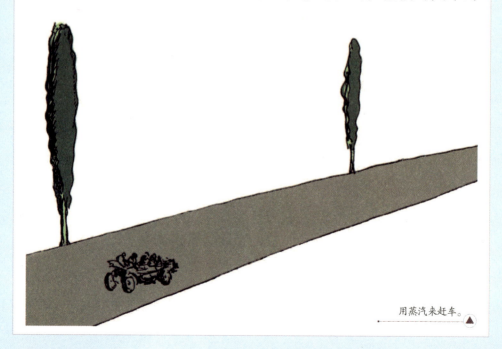

用蒸汽来赶车。

热情显得很是不合群。

他们在世间都留有雕像。但是，他们活着时所受的待遇却没这么好：大众用各种不同的方式来表达自己的不赞同，有嘘声，有冷嘲热讽；议会法案也介入进来，硬说火车是破坏乡村安静的恶魔；当后者（议院法案）被证明是无稽之谈后，他们又聘请了学识渊博的教授，组成委员会（花费很大精力，制作无数的图片和统计表），认定蒸汽运输的主意注定要一败涂地，大把钱会白花，就像是扔进泰晤士河里。

但是，最终，第一条铁路还是完成了。这期间又经过了10多年的激烈争吵和辩论，争得口干舌燥后，斯蒂芬森才说服那些支持者给蒸汽机装上轮子，便于移动。要不然，他们甚至要把蒸汽机放在铁路的一头，另外一头则用复杂烦琐的一大堆绳索去拉动机车！

这是1825年的事。

仅仅过了短短一个世纪，这种火车已经过时，因为没有更实际的用处，正被人们废弃。而铁轨也正被一种新发明取代，这种新发明把每个人（遗憾的是大多是孩子们）变成伟大的工程师。他们可以自己为火车头加燃料，他们可以完全脱离昂贵的铁路轨道。

说到用机器"内部的"爆发力产生原动力，这种想法由来已久。希腊人已经猜想可以用这种方法代替手的力量，不过没有做出这样的机器来。

他们苦于知识贫乏，虽然聪明，却没有收集到足够的科学根据，只有胡乱瞎猜，成为古代最伟大的"猜想家"。大到治理国家，小到一舟一车，无所不猜，而且常常猜得八九不离十。

后来，中世纪虔诚的市民追随着他们的脚步，他们对"理解"和"猜测"毫不在意，他们只"相信"。经过多年辛苦的实验，证明了人类不应该太过依赖未来的快乐，怕的是会由此把今天看得太苦，不能有一天的安宁。于是他们重拾希腊先哲们的旧业，从昔日研究成果中理出头绪，接着做下去。内燃机也被从故纸堆里拾出，重新成为时兴话题，引起中世纪人们的精心研究。

荷兰物理学家惠更斯想制造一种以微量的火药为推动力的机器。当他正在试验几种火药时，瑞典王室忽然买来一辆四轮车。

这辆车据说是"由机械推动"（细节不清楚）的。它是由纽伦堡的一个钟表匠制造的，这辆老车走得太快，街道都难以承受。它的速度达到了1小时1.5千米！而且可以不停地走下去！几年后，发明"万有引力定律"的艾萨克·牛顿开始苦思制造一种可以以火药为动力的车，就跟火箭的原理一样。

但是，他们都没有获得成功。直到19世纪中叶，才有人经过实验证明蒸馏过的石油具有强烈的爆发性，可以加以利用，这才制造出现在模式的汽车。法国和德国的科学家们一直忙于各种实验，直到1870年普法战争爆发，才把此事暂放一边。

当这场毫无意义的血战结束15年后，欧洲大路上才出现无马之车。它不是用蒸汽作为推动力，而是以汽油来发动的。它一经问世，立刻引起社会极大关注：铁路公司完全忘记了不久前发生在自己身上的不幸事件，也以别人对待他们的手段来攻击汽车，指责汽车是"公共安全的敌人"，斥责汽车伤害了道路，扰乱了公共秩序；市民们也高呼，认为汽车侵犯了步行者的权利；议会照例制定新法令，限令车主必须派守护人员在车前举起红旗或红灯做引导。

　　这一切的新发明都拓展了脚的能力，这要归功于那些伟大的发明者们。他们在社会结构的改革方面贡献了自己的力量。从詹

中世纪虔诚的市民对"理解"和"猜测"毫不在意，他们只"相信"。

姆斯·瓦特制作出提升版的蒸汽机的那一刻起，这一切就开始了。

它们完全改变了人们关于距离的传统观念，把地球至少缩小了六成，让世人对于"速度"有了全新的理解。这让人们把脚看作是最没用的行走工具——人如果仅靠脚走路，是那么地沉重缓慢，就跟蜗牛一样了。在发明"火车"和"汽车"前，脚最大的享受也就是一双溜冰鞋而已。溜冰鞋先是用骨头做滚轮，后来换作钢，那时人类所了解的移动速度，也就是这个标准。溜冰鞋创造的功绩，当然不足为道。之后不到100年的时间里，我们居然加快速度，超越了一切。或许，我们并不知道，如此快速地前行，目标是什么，但无论如何，我们已经不再原地踏步不动了。

陆地上有了快车，水中也要试行快船了。人本来就生活在陆地上，却由于饥饿，或是过于贪心，好奇心太盛，常常要到水上冒险。

上面列举的在陆地上的代步方法，一到河边，就无用武之地了。如果河水不深，还可以涉过，或者骑马过去，但是总要卸下重担，过了河后再背上，很是浪费时间。于是，他们就想用别的不会把两脚打湿的方法过河。

这就是桥梁的由来。

最初只是独木桥。就是把一棵死树，架在山涧间。有人把上面削平，这样就能把脚放在上面。但是，树的长度有限，而河的宽度却不一定，树架在上面不一定合适。况且独木桥太窄，马匹、车辆都无法通过，行人很容易滑倒，随时都有葬身涧底的危险。

帆船

罗马人最终解决了这个难题。

虽然埃及和巴比伦的发明者与其后来者罗马人一样充满智慧,但是埃及人和巴比伦人一直住在大江大河边,看着浩瀚无边的河面,就像小海洋一样,没有人会想到可以用人力来拦截水流。而且,这些国家的疆域并不宽广,根本不用走什么捷径到达四隅八荒。

而罗马人却拥有成千上万平方英里的疆土,军队又不充足,必须修路造桥,以方便调动军队来往防守,不至于贻误战机,因此,多数桥梁最初都是供军队使用,并不是为了便利商贾。直到中世纪后半期,工程师和建筑家们才开始研究罗马古桥,重新修造以便商用。

　　现在正处于商业发展的繁荣时期，城市之间那些设计十分周到的公路，有时依然捉襟见肘，并不完全畅通。于是，桥（也就是脚）就变成隧道，从河床的一边进去，到达彼岸后再出水。由此车马交通，没有一刻停息。

　　这些是就较窄的河面而言的。但是，还有海洋，海洋并不容易征服，这给人类出了个大难题。当然，人类完全可以模仿鱼和海豹在水里游泳，但是人们无法在水中待得太久，所以要别出心裁地发明一种完全不同的可以代替脚的好方法。当人类偶然看到动物在遇到洪水时，趴在枯木上逃生，那时也许就有了造船的想

扬帆远航。

法。不过以枯木浮水,很难驾驭,稍有摇晃,就会翻船。

于是,人们用闷火烧空树心,再用石器刮削,就有了像模像样的船,撑起长木杆,居然可以划动了。经过多年的试验,终于有一天,爆发了一个令史前人类震惊不已的消息:原来有个人以一叶扁舟竟安然渡过了英吉利海峡。那一刻,人们把他看作比林德伯格还要伟大的英雄,事实也确实如此。

接着,又发生了一幕(这是人类历史上重大事件之一)。有位勇敢的水手,在一块木头上系了一块兽皮,挂在另一根木杆上,竖立在船头,让风吹着船走,他却惬意地坐在船上。当这个水手乘着它渡过了英吉利海峡时,把两岸的人都惊呆了。他们以为全人类未来的幸福时代已经到了末路,人类的智慧就此停滞不前了。

但这恰恰是人类幸福时代的开始。

桥洞

从此，手就来帮脚的忙，制造了所谓的桨。船桨给人们留下了深刻的印象。他们看到桨在河流里分水，就像是船能在水面破浪前进，耕出一条路，渡过大海。自从有了船桨，人类的航海更加安全。只要船工雇好了，人们就可以在指定的时间到达指定的地点。

伴随船桨而后的，就是船舵了。不过，那是人类有了船几千年以后的事了。有了船舵时，船还只是一个个的方木匣子，头尾不分，就得配上两把船舵，一前一后。这些船舵只能是加长版的桨或槽，用起来有点儿像我们现在独木舟上的短桨。当船的速度越来越快，模样也发生改变时，前舵就被废去了，只留下一柄后舵，一直沿用到今。

大概就在此时，航行技巧就有了新发明。这个东西非常简单，叫锚。英文名是anchor，源自希腊语，就是"钩"的意思。

希腊人和罗马人痛恨大海的广阔，就像他们惧怕阿尔卑斯山和色雷斯山的漫天冰雪一样。在航行中，他们的速度是出了名地缓慢。在行船时，他们从不敢在水上过夜，每晚都要靠近岸边，是因为他们担心晚上看不见星辰，无法辨别方向。这样船只能随水漂流，一旦漂流起来，就不知道将漂向何处。所以他们宁肯多花钱，多费力，一天只走短短一程。

最初发明的"锚"就是一块大石头，系在绳子的一头，好比一只手，从船舷直达海底，把船绊住，不让它漂流而去。有了它，人们就可以出行远征了。

这真是一只力大无比的手。因此，许多教义都以锚作为平安的象征。

这时的船员，基本具备了所有的必需品，可以在船上过着简单的生活。但是，一遇到大雾天气，就容易迷路。而在没有星星的夜晚，又难以辨别航程。幸亏13世纪上半叶发明了罗盘(天知道它是怎么来的)，才算有了救星。从此以后，船舶出海，无论到天涯还是去海角，都可以放心前往。只要船长驾驶技术娴熟，船体结构结实，航海图正确，气候正常，就能安全抵达目的地。而帆船和平底大船呢，即使有最熟练的航海家来操控，在难以预料的自然界环境中仍然是不安全的。

如果逆风而行，则麻烦重重。

一旦遭遇风暴，大多数的船桨都没用了。

所以航海唯一要解决的问题，就是想办法不再依赖风力和人力。

有人曾试着把蹼轮装在船身的两旁，让人用脚踹动，但效果不大。等到詹姆斯·瓦特完善了他的蒸汽机，就有人把一架蒸汽机放在船舱里，用它发动蹼轮。人们通常把这个发明归功于罗伯特·富尔顿，其实早在他以前，就有很多人试验过所谓的"火轮船"了。至于富尔顿，他在推进航海术上，的确有很大功劳。拿破仑战争结束以后十多年，英国和欧洲之间已经正式通航，有了"轮船"航行于两者之间。1838年，美国和欧洲之间可以通航了。原来最快要三星期，最慢要三个月才能完成的航程，现在只需要14天就可以了。

大概30年前,大洋快轮造成了,这种更加神通广大的脚大大缩短了水上距离,就像陆地上一样。现在唯一没被征服的就剩天空了。

自从有了人类以后,人们就开始妒忌鸟,总是希望能像鸟儿那样在天空中自由飞翔。鸟儿从来不担心什么路呀桥呀的,江川河流更不放在心上。冬冷夏热也奈何不了它们,它们可以随着气候的变化,南北迁徙。人类实在是羡慕不已。不知从哪天开始,人类开始模仿起鸟。据中国史书记载,4000年前已经有人开始放风筝了。

在很多国家的神话传说中,总有一些关于神仙们腾云驾雾地自由来去的传说。可见人类是多么想像鸟儿那样飞翔。

但是,直到中世纪,人们才有了实际行动。我们的老朋友列奥纳多·达·芬奇又开始全力研究以翅膀代替脚的问题。

由此打开了这项研究的大门。他甚至设计了好多种飞机,在图纸上操作起来是那么的完美。但是一到真正试验起来,却没有一个肯离开大地。

现在我们知道列奥纳多·达·芬奇为什么注定失败。他所制造的假飞鸟,身体构造上没有任何问题。但是人手没有那么大的力气,根本不能把那个特大的风筝提到空中,除非人手的力气能比16世纪时再大1000倍。

于是,这个问题一直困扰着人们。直到18世纪下半叶,法国有家造纸厂,用纽扣订上几张薄纸,做成一个气球,装满热空气,让它飞上天。周围的群众个个都看傻了,目瞪口呆。等气球降落时,大家一哄而上,围攻这个怪物,一通乱砍乱打,结果了它。

但是,自此人类踏上了飞翔之路,只是还不能控制飞行的方向。

如果顺风的话,乘着热气球可以飘到邻国,甚至可以飞过英吉利海峡。但是到了英国却没办法回到法国,到了法国也是如此。

乘着热气球飘到邻国。

很快就有了横越海峡的飞行,随后当布莱里奥特从卡利斯成功飞到多佛尔,证明了人类已经战胜了两大宿敌:空间和时间。

　　还有与中国的风筝一样古老的"滑翔机"也是如此。不过,直到50年前,当轮船和火车已经发展到极致时,人们才开始把注意力转移到这方面的科学研究上,希望能开辟另一种交通方式。

　　19世纪七八十年代,人们开始试行鸟状飞机。它可以在天空滑来滑去,持续很长时间。可是一阵狂风来袭,也许就会把它刮翻,乘客们难逃死伤。

　　此外,让它起飞,固然费事,要叫它停下来,则更加困难。自由飞翔的"身上插着翅膀的人"毕竟只是一种梦想。直到那些

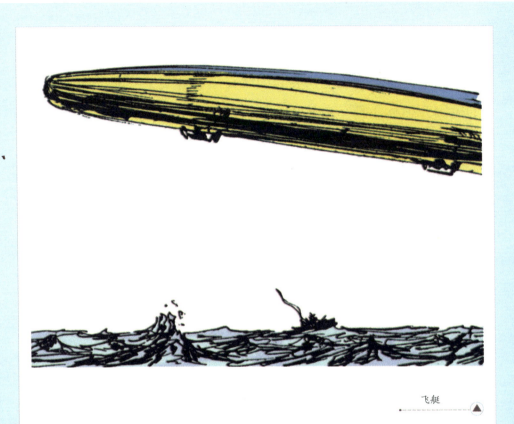

飞艇

  "多功能的手",像是汽油机的比例缩小,用在飞机上,而且极其坚固,飞起来不用担心突然崩裂或是忽然坠机。

  人类最先真正能在天空中飞行的好像是莱特兄弟。他们的第一次飞行,虽然只历时59秒。但他们毕竟飞了起来,其他的问题就迎刃而解了。

  很快就有了横越海峡的飞行,随后当布莱里奥特从卡利斯成功飞到多佛尔,证明了人类已经战胜了两大宿敌——空间和时间。一时之间人们认为,从此以后人类就是相亲相爱的一家人,永享和平安宁的生活了。

但是在欧洲战场上，轰轰的战声中，螺旋桨不断发出呼呼声的德国齐柏林飞艇一次又一次地飞越了英吉利海峡，运载的是大量的致命炸药和毒气。

于是，人类再次在恐慌中意识到，人类的脚和手一样，既能行善，也会行凶。所谓人类进步的道路，充满曲折和挑战，要付出沉重的代价。

# 05 变化多端的嘴巴

一艘出国远航的船只,每24小时就要查看自己所处的方位,以确定航程是否正确。文人写作也是如此,所谓"知识的海洋"就像是真正的海洋,很多地方并没有完整的绘图,走在其中必须时常比照罗盘,以避免胡言乱语,如果只顾自己说得高兴,滔滔不绝而不顾其他,就很容易翻船。而罗盘,在我看来,就是指字典。

文人的罗盘虽然并不像航海的罗盘那样精确,却也聊胜于无,可以发挥时刻表的作用。在《大英百科全书》里关于嘴的描述如下:

"在解剖学上,嘴(向世界讲述的器官)是消化管上端一个椭圆形的洞,食物在其中咀嚼。嘴夹在上下唇之间。静止时,横向齐到左右小臼齿。"

"嘴唇是两片软肉体,把张开的嘴包起来。从表面往里,分为皮肤、表面筋膜、眼轮匝肌、黏膜下组织,包含许多唇腺(约有小豌豆大)和黏膜等层。唇的深处藏有冠状动脉,正中腺处,黏膜翻转,接到根上,成唇系带。这样说来,声带就不在嘴的范围之内了。"

也许,这一章的标题应该改成"声带"了。

不过"声带"是人体解剖学的内容，懂得礼仪的人轻易不会说出。普通人常把它与扁桃腺炎或感冒联系起来，却不太明白其中的究竟。普通人（在许多谚语和《圣经》里经常可以看到）总说嘴是发音器官，而不是大百科全书所说的"消化管上端一个椭圆形的洞，食物在其中咀嚼"。

所以，我在这本书所说的"嘴巴"，实际上就是"语言"。当我谈及人类文明的进步大部分依赖于嘴巴的广泛运用，实际上是指人类语言的天赋，以及能与他人进行思想交流的能力。特别是人类发明了多种多样的方法与别人来交流，并由此形成了一个日趋成熟的、完全可靠的系统，以语言的名义来传达各种不同的声音。

我不会武断地判断其他动物没有自己的语言。因为我家里养了许多猫猫狗狗，燕子又住在屋檐下，看的听的太多了，怎么能

量器

随便说出这样的话呢？像猫、狗、马、牛、鸟、海豹等动物（我猜测鲸也是如此，虽然很难把它们放在养鱼缸里仔细观察），经常会把这里发生的事情告诉同类，特别是抚育自己的幼崽时，更是喋喋不休。

但是，它们的语言（我得赶紧加一句，我们对此知之不多）好像也就是几个简短的示警信号而已，而且这些信号紧密地联系到它们生命中两种异乎寻常的热情，即传宗接代和就食。

至于对人类十分重要的抽象观念，对动物来说完全没有这回事。如果让那匹会算术的马和那个有学问的猿，来谈论什么是国际联盟，或是分析基督教和佛教各自的优点，它们也会困惑不已，束手无策。

我小心地不轻易地触碰关于语言起源这个话题，因为我对此还真是一无所知。并不是由于手头的参考材料不充足，如果翻找一下还真是很多，每本似乎都写满了学者们研究的精华，可是一到关键之处，却又说不出个所以然来，只好不了了之。

我们非常熟悉语言发展和完善的过程。

但是，我们很难确定，人类是从什么时候开始从无音节发展到有音节的。

谈到这个问题，我真希望自己回到20000年以前的那个世界。因为我们研究自己才几年，就已经研究出那么多成果，几乎令人难以相信。那么再过几百年，应该能够解决这个问题了。那时我们会说:"就是从那时起,人类不再像畜生一样地乱叫,而像人一样地说话。"同时,在预测那个伟大的时刻前,我满怀感激地记下这个事实:嘴巴(读作"声带")对于人类发展方面所做的贡献,远远超过其他的器官,包括广泛使用的手和脚。因为,是嘴巴把人类世代积累的知识永远地延续下去,让后代人在继承前辈智慧的基础上,累积越来越丰富的精神财富。

祖辈们留下的语言变化并不大,从这些多样的方言(像那些属于同一种类的动物一样)沿袭下来的环境,或许可以说明人类为什么在开始的进步是如此缓慢。后来有人发现,每一种方言里的结合音,总是和其他方言里的某种结合音意思相当或相近。一种方言的内容总能够转换成别的方言,找到重新表达的新形式,却可以保留原意不变。

由于有了翻译者,人类之间的交流更加便捷,人与人之间越来越亲密。我并不是说,世界各地的人民都能善加利用这样的机会,从别的民族学习知识,以使自己更加明智。

绝大部分人并不关心这个。他们只求吃得舒心,住得放心,子女不用操心,高兴时可以去看看电影,仅此而已。

那些真正为世界做出贡献的人,不管是住在中国还是格陵兰,是住在澳洲还是波兰,他们都不像井底之蛙那样只关心自己周边的环境。即便他们从来没学过读写,人类从来没发明过文字,他们依然能够通过别人的翻译来了解,在这个世界上其他地方的人们是怎样思考的。至于那些未开化的野蛮人,开始认为文字也可以称重量,就像肥皂、土或干草一样没什么区别。后来却消除了种族界限,联合全体人类,共同对付愚昧和恐惧。

但是,知识好比奢侈品,而吃喝则是日常生活的必需品。人的声音最初的用途是发出警告的手段,而不是教育。这种警告不仅是针对那些看得见的危险,更要应对那些看不见的危险。因为不知道它什么时候来临,所以更加可怕。

民族越不开化就越害怕神灵鬼怪。他们一直与那些暗藏的敌人作斗争,那些潜伏在灌木丛中、躲藏在树后、深藏在井底的都是妖怪,专门出来吓唬人,吞吃小孩,在牲畜上施咒。

所以人们非常害怕,整天提心吊胆,想尽办法来防御。幸亏鬼怪大都胆小如鼠,只要大声喊叫,吓唬它们,就可以把它们赶跑。只要大声喊叫,鬼魅就会吓跑。

但是喊叫太累,声带极易受损。所以人们很快就想出办法来,拿块空心的木头代替嘴巴,敲起来很响亮,能把一切鬼怪都吓跑。

平时,只要在鼓上敲打几下,就能把鬼吓跑了。但有时鬼性顽强(主要在春夏两季),这时非得连敲几周才能把鬼吓退。

随着用大声喊叫来驱鬼的方法的盛行,人们越来越迷信。从前只要喧闹声就可以吓鬼,到了中世纪,敲钟驱邪的方法开始盛行。

钟

　　教堂的钟也就是一个铜铁铸造的嘴巴而已，它昼夜不停地响着。慢慢地，它的本意已经被人们淡忘，开始有了许多别的用途。它开始报时，控制鬼怪们的作息时间。但是它的最初特性没有改变，每到礼拜日和休假日，它就要长鸣，提醒那些虔诚的人去教堂礼拜。做礼拜时，要是有不圣洁的势力影响虔诚的仪式，就通过钟声来肃清它们。

　　不知出于什么奇怪的原因，伊斯兰教徒对钟并没啥好感。他们只信赖人类的声音，让人爬上那高高塔尖的顶层之处，向全世界大声歌颂真主的美德，赞扬伊斯兰教创始人穆罕默德的伟大功绩。至于火警钟和飓风警报能够传多远，我不清楚。不过，幸运的是，这些警报也就是半个月用一次，并没给人们带来

爬上高塔顶层，歌颂主德。

太大的困扰。

不过，欧洲国家越来越关注民众的幸福，嘴巴的用途也非常多，直接与人们的行为相关，不是劝人行善，就是诫人为恶。

我所指的不只是中世纪时期的城市巡逻者，鸣角聚众，宣告太平，叮嘱小心火烛之类。我还想起在过去岁月里，拔高声音的其他用途。

夜间航行充满危险。如果离河岸较远，什么都不用怕，互撞的机会极少，船底也很难触到沙滩上。

不过天黑以后再靠岸，那就险象环生了。罗马人和希腊人也可以在崖岸安排一个嗓门大的奴隶，见到船就放声大喊。但是嗓门如此之大的奴隶却没那么多，于是不得不用其他办法来代替人的嘴巴，所以就发明了一个方法——在危崖断岸上，堆积柴火，点火示警。这种简陋的灯塔就是人嘴的进化。

古代人非常重视这种报警台。亚历山大灯塔（约公元前300年建成），就被列入世界七大奇迹之一。当初在建造时，那位建筑家本领也极其高超，建成后足足经过了一千六百多年，依然屹立不倒，照耀着海口。

如果不是遭遇了地震，可能还会更长命呢！

罗马人（我几乎不用强调）对灯塔有着异乎寻常的兴趣。只要让他们开港修路，他们就会不惜以巨款来不断改良，直到尽善尽美方才罢休。他们在欧洲沿海一带修建示警灯塔。早在我们的先人听说有灯以前，在多佛和卡利斯两地早就有灯塔，更不用说塔了。

中世纪时期，灯塔开始走向末路。旧的灯塔倾倒了，就地改做教堂，任由海岸一带漆黑一片。等到商业重新兴盛，这种示警灯塔又成为必不可少的了，先用煤炭代柴火，后来又换成煤气和汽油，到了今天改用电。它默默无闻地在那里发出警报，可达30里那么远，也算是不停张开大喊警示的嘴巴。

不过，灯塔有个很大的缺点，只能在晴朗的天气里发挥作用，一到大雾之天就成了废物。在这种情况下，必须用声音取代光线来报警。刚开始是鸣钟，后来因为钟声传不了太远，就改用雾笛，那是用蒸汽发出的巨大声响，直到最后发明了无线电报，才最终解决了问题。

航海人员一听到微弱的信号，就知道有危险。恐怕用不了多久，灯塔和雾笛都要被废弃，就像过去的火警钟一样。现代的嘴巴要谨慎地工作，它既要工作得力，又要闲适雅静，跟其他的人造机器一样，它也可能会被滥用。留意一下邻居那轻便的留声机，就可以知道了。如果给"嘴巴"充分的机会，它就可以表现得很贴切。如果你曾经听过那些所谓的"千里嘴"之类关于嘴巴的广泛用途，自然就会明白。

刚开始，当一个人想告诉别人重要事情时，可以用嘴巴说，也可以用手势来比画。打手势的方法很快就放弃了，只用声音来传达信息。现在只有聋子和哑巴靠手势表达意思，其他人早已不用这种方法，除非有意在说话时加上手势，以加大说话的力度。另外，用声音来交流的方法经过了巨大的演化，这段历史很有趣。

在古老的巴比伦石刻上就有了关于最早的"千里嘴"的图片。我们可以看到工程师在那里指挥着上千个奴隶拉着长绳。工程师站在一个小平台上，手持扩音筒，发号施令。喊一声号子"用力拉哟"，众人一起使劲拉绳子。这扩音筒当然就是增强版的嘴巴。

没有它，怎么能让那么多人同时听到口令呢？这是把声音扩大若干倍的第一步尝试。后来跟着兴起了电报、电话、无线电报、无线电话。

有些新发明在当时并不被人看重，因为不是在日常生活中用得着的，但是每个人都曾经有过听不见远处的人说话的经历，所以人们很想早些造出一种新机械来克服这个难题。在人类的发明史上，我们可以找到"千里嘴"逐步演进的过程，比其他器官的演化要有趣得多。

如果传统是可靠的（传统常常比官方的历史记载更可信），那么当希腊人攻打特洛伊时，已经开始用烽烟报捷了。非洲自远古以来就有击鼓传信的方法。

用木棍敲打鼓面时，刚果土著人一听到就能明白其中的含义，就跟西部联盟办公室的雇员们熟知那些莫斯电码一样。

中世纪时期，文化层次较高的人，大多住在窄城高墙里，像笼中困兽一般，一旦有敌人来袭，就靠飞鸽千里传信。天气晴朗的日子，在航海时如遇凶险，摇下旗子就可以给过往船只报信。

在人口较少的时候，用这种方法报信，已经绰绰有余了。可是随着疆域日益扩大，要想出更快捷的方法，向全国发布号令。

如非这样，怎么能做到中央集权？到紧急时刻，什么邮差、击鼓、信鸽，都没啥作用。而现在的大国，无时无刻不在危机之

信号传递线路

中。这可怎么办呢？随着民族团结日益形成强大的国家，18世纪就进入了电信时代。

由于法国是最早实行中央集权的国家，很自然地成为这一领域的先行者，首先试行了长途报信的方法。

1792年春，法国设计师恰佩向国会提交了一份图文并茂的计划书，详细地说明了一种"光学电报"的原理。他提出，只要找个地理位置便利的教堂，在其尖顶或小山顶处架上木架，支出两条木臂。这两条木臂用绳索或滑车拖上放下，按照位置的变化，可以拼出字来。报信员从望远镜里看出拼出的字母后，再如法炮制，向下一个信号台发出信息。如此持续下去，直到信息从一个城市成功地传入另一个城市。

经过试验后，这个方法果然大有成效。拿破仑统治时期，绝大部分欧洲人正是通过这种信号法得知了这个可怕的圣谕。

但是，这个方法有一个很大的缺点，那就是不能保守秘密。有些游手好闲之徒，常聚集在台下，猜测各种信号。到后来，什么记号代表什么字母，全被识破。他们译读这种电报，和报信员们一样娴熟。无奈之下，政府必须寻找其他更隐秘的办法来传递信息。

不过，就在信号法行将退出舞台时，忽然又有一个新鲜的小玩物问世，小巧有趣，引起很多人的关注。它的名字就叫电。那时在穷乡僻壤之处，有许多无名天才试验电流的功用，希望用它传达信息，好大发一笔横财。

在德国大学实验里，有一位一门心思地研究电池、铜线的教授，他把老伴最后一枚硬币都投入到实验上，就是为了成为与世界通话的第一人。

最终，一个名叫塞缪尔·莫尔斯的美国画家首先取得了成功。1837年，他把画架改做成电报机。他的第一次试验居然可以传到1700尺外。经过一年的反复试验，他自信已经改良了不少，于是向国会提到了自己的发明。但是，当时国会正忙于讨论其他问题，根本没工夫理他，这样一直耽搁了6年。到1844年，华盛顿和巴尔的摩两城居然通过电流交谈了。

在莫尔斯试验阶段时,欧洲各国政府并不感兴趣,当他大获成功时,他们才纷纷仿效。发展到今天,人类的声音,已经缩小为一个一个的点和符号,畅行于文明世界的每个角落。很快,电报线又延伸到水下。

当建造巨大的轮船后,就能在水底铺设3000里的电线,这些水底电线直达海洋深处,于是纽约人觉得自己就住在伦敦近郊,反之亦然。

在很长一段时间里,电报能够安全地传递国际间的消息。不过,人类的愿望是永远无法满足的。随着手和脚的功能越来越强大,人们觉得海底电缆太不实惠,想要发明新东西来取代莫尔斯的发明。

在两地之间进行无线通话,这个想法相当新鲜。早在1795年,已经有个西班牙物理学家萨尔瓦向巴塞罗那科学院提出了自己的想法,极力证明无线电报完全能够做到。作为一个有着浓郁学术氛围的学院,巴塞罗那科学院耐心地倾听了他的陈述,可惜的是,他们根本没放在心上。

大约30年后,有一个与莫尔斯完全不同的德国人,开始尝试通过在水中通电流的方法来实现无线通讯。

那时,最主要的问题是究竟用什么材料的物质,并不清楚,

传声筒

所以进行得不顺利。最终，这个问题被海因里希·赫兹解决了。他是个相当聪明的科学家，工作起来废寝忘食，以至于英年早逝，过早地离开了他热爱的科学研究。虽然他不能解释电流到底是什么，但是他发现了一些可以驾驭它们的定律，这已经是很大进步了。赫兹的著作一问世，各国十分热衷研究无线电报问题，都想最先获得成功。

一个名叫马可尼的意大利少年设法发送了一个无线字母穿过

大洋，接着其他字母也接踵而至，成功地发送。

无线电报一经兴起，连几千年来一直不听他人命令的船主，也得听从轮船公司的指挥，哪怕远隔千山万水。直升云霄的飞机，也和地面保持着通信联络，当暴风雨袭来时，它就能及时知道，清楚得就像有人贴在他耳边说的。

法国有句俗语说得好：食欲随着胃口越来越大，人的愿望永远得不到满足。当"远程写"的艺术刚刚得到人们的认同，人类又不满足这种小把戏了，想要改读为听了。于是吵着要发明"远程说话"的新奢侈品。

几千年前，中国人已经发明了一种叫作"传声筒"的玩具。它是用两个竹筒，连上一条细线，两个人分别拿着一个筒，隔着几百米说话都能听得见。后来每隔两三代，总有人把它当作新玩具。每次都自吹是新发明，可都是昙花一现，很快就消失了。

中世纪时有人把它当作玩具，到18世纪仍然流行。就在每个人都在谈论电流的重要性时，这个古老的中国玩意再次兴起，这恐怕已经是第50次，或第100次的复古了。一时之间，大街小巷，全在叫卖它。

有些人似乎受到它的启示，竟然想到用这个方法来传送人的声音。德国人菲利普·里斯居然做成了这样一种传声器，而且效果极佳。他大胆地给它起了个野心勃勃的名称，叫作"电话"，意思是说一种可以把人的声音通过空间来传递的仪器。

15年后，有个住在美国波士顿的苏格兰人，名叫亚历山大·格雷厄姆·贝尔，在聋哑学校教书。他最终解决了传送人声的办法，创造了现在我们所熟知的现代电话机。

人类的声音究竟怎样从有线传播发展到无线传播的，这是近年来广受关注的问题（对于现代的作者来说，这也是难解之谜）。

现在即使毁掉每本书籍，也无法磨灭人们记忆中古往今来累积下来的思想精华。正是在"嘴巴"的帮助下，人类智慧的成果将会永远流传下去。就我们所知，当美国焙制专家在教北半球人如何不用把糖烧焦来腌制覆盆子时，也许连长期受苦的火星人和土星人也在一旁倾耳静听呢。

现在就到本书最重要的部分了。我之所以把它留在最后面，一来是它比其他部分都要重要，二来是它很难解释，不是三言两语就能说清楚的。

我们的先人们到底什么时候会说话的？这几乎是完全无法确定的。

那么他们是什么时候，以及如何明白说话的声音还可以保存起来，以留给后人受益呢？这却更难推测了。

我们现在所处的这个时代，应该称为纸时代。我们哪天不是在纸堆里打滚，如果没有书籍、时刻表、单据、订货单、电报纸、电话号码簿、报纸、杂志，没有那些无数片烤干了的小木桨薄片，上面布满了有趣的曲里拐弯难以辨认的字和半圆形，我们的现代文明将很快走向灭亡。

对于一个生活在1928年的文明人来说，让他重回无纸时代，他将无所适从。如果假设人类曾住在地球上的时间为12个小时（从午夜到中午），以具体文字记载思想的方法，仅在9分钟或10分钟以前才发明出来。

但是它是怎样发明的？由谁发明的？在哪里发明的？在什么情况下发明的？这些全然不知。只有当我们了解先人们更多的文明时，至少要比现在多一些，这些疑问才可能解决。那时他们会写字吗？如果会写，那么在墓道和洞穴中，混杂在一堆枯骨中那些奇异的多彩砾石，又是什么意思呢？

答案就是，不知道。

差不多每年都有一位某某教授说他终于找到钥匙来解开这些让人烦恼的谜了。于是学术界大为兴奋，认为人类历史至少可以往前推进10000年或15000年。

但是人们很快便发现疑点。从正反两方面的辩论中，逐步判断这些推断全无根据。于是，只得再次推翻臆说。

当然，中世纪人对待象形文字和巴比伦石碑文字的态度是一样的。后来商博良和罗林森，以及今天那些研究过楔形文字和古埃及文字的人，读起这种石碑来，像读报纸一般容易。

总有一天，这个谜会解开。快则明年，慢则要100年后，只是现在无从确定。一切说起来也不过是猜测，不如干脆不说了。

在西班牙和法国境内曾经挖掘出的一些古洞，里面珍藏的古壁画可以证明人类会用工具时，差不多已经会画画了。这些古壁画有些极其精致，显示了技艺的精湛。因此最初发掘出来时，人们都不相信是古人所为，认定是考古学家们伪造的。他们在墙上涂满鱼、鹿还有怪兽等，只是想为自己博得声誉而已。现在我们知道这些是真正的天才古画，而且随着时间的推移，我们会发现更多。

古人画了这么多壁画，到底是什么用意呢？难道是有意想以具体而不朽的方法来保存抽象的观念吗？

想来可能不是。

他们的用意可能还是偏巫术方面。古人先画好野猪和大象的形状，然后出去猎取它们，为的是先用魔术迷惑和困住它们，这样容易擒获些。就像中世纪时期那些有权势的人，会仿照仇人的模样捏成蜡像后，插满了针对他们施咒术，让他们受罪。

所以这些壁画并不是古象形文字的一种遗迹，而是代表了当时的宗教精神。虽然也叙述了一些故事（所有图画都这样），但是与人类想用具体方法来保存自己的观念一事，并不相干。

这样就有了另一个疑问：图画什么时候才不是纯粹的图画，而成为人类保存思想的一种方法呢？

举一个例子就能说明要在这两者之间划清界限是多么的困难。在欧洲一些山路旁，竖立着许多小木牌，上面漆满记号，要行人从这个具体的东西上辨认出具体的简短信息。其中有两个值得说说：第一个是圣徒像。有个旅行者（500年前死后葬在此地）从这里经过时，忽遭狂风，几乎丧命。幸亏遇到慈悲的圣徒，救了他，得以生还。他感激圣徒的恩惠，认为此事极其重要，就造了这个画牌，告诉一切过路人，他在此处曾遇到的毕生一件大事。第二个只是一个颠倒的S字母，这是当地汽车俱乐部竖立的，这对于驾驶者们一目了然。它的意思是警告驾驶者小心前面的双拐弯儿，它一直在那里尽职地提醒着："拐弯之处，小心驾驶！"

这两幅画都讲述了一个故事。

埃及圣书

不过，其中一幅图画已经接近文字的起源。

至于文字是怎样从图画中发展而来的，我再举一个例子。

我们来想象这样一幅画面：冰川时代一个猎人被一处悬垂的岩石刮伤了。这个猎人已经与同伴们失散了，他忽然看见有两只鹿在远处跑过，他想要追过去，但是和同伴们相隔太远，他无法用嘴告诉他们："嘿，注意听着，我去追两只鹿了！"必须另想他法来传达这一信息。于是，他就在崖上粗略地画了相当于一封信的画，意思是："我在湖边看见两只鹿，已经去追了，不用等我，我很快回去。"

如果布什曼族（他们是天才的美术家，留下许多这样的画）当时要有机会常用这类方法来传达信息，也许会发明一种图形文字。其中每个记号代表一个固定的字，这个字是常用在嘴边，有固定的字音。

不过，请注意刚才那句话里，我强调的是"常用"这个词。

同样一幅画必须要反复出现，这样人们才能明白这种图画可以作为一种具体的图形符号用来保存语言。在头脑简单的部落里，这一点很难做到。很多民族曾经很接近了，但却缺乏足够的机会，没能继续深入研究，终于没有发明文字，最终功亏一篑。当他们着急时，就想出一种方法来代替文字。美洲大陆上的秘鲁印第安土著人就曾发明了结绳法。他们用彩色的短绳或短线，打成各样的结，代表各种意思，来记载国家大事。

简而言之，那时全世界人民都渴望能寻找一种简单的方法来保存口头文化，很多人进行各种尝试，但都以失败而告终。后来还是埃及人脱颖而出，总算解决了这个问题。至于埃及人是自己悟出来的，还是从别的民族学来的，就不得而知了，毕竟那些民族也早已湮灭不可考证了。

除非我们能获得大西洋里那个神秘大陆的更多详尽信息，关于这个神秘的大陆，许多古书都曾提及，不过后来消失了。现在人们更多地把发明文字这一功劳，归功于埃及的法老们。不过，

发明文字符号的腓尼基人

在文字刚刚兴起时，只有少数人使用。只有那些所谓受过神启的僧侣才配学，埃及也是如此，所以文字很长时间得不到普及。

后来时机成熟了，在官方认可的象形字外又出现了一种较为简易的图形字，但是这时还谈不上通用。因为无论在商业上，还是在日常生活中，这种新式图形字还是太过烦琐，要凭脑力去记，很不容易。后来幸亏腓尼基人改用了字母，才算解决了问题。否则真不知人类还要等到什么时候才能有自己的文字。

以"劫掠"为生的腓尼基人，没有任何文学修养可言，怎么可能为人类发明这样最有用的东西呢？还是历史喜欢开这样的玩笑？其实，有个很充足的理由，可以说明为什么不是埃及人或是巴比伦人最初想到切实可行的方法解决这个问题。

腓尼基人以经商来谋生，要找个简便的方法专门记账立约。他们与地中海沿岸的殖民地来往密切，必须经常把信件寄到那些代理人手里。

这样，他们就没有时间慢慢地画图来传送信息，恐怕这么一来，好好的橄榄油和山羊皮的生意，就被别人捷足先登了。而且腓尼基人还是"职业强盗"，他们善于从其他民族"偷"东西，从埃及人那里他们偷来那些神圣的小图画，把它细化后，约定成便于速记的符号，外加几个自创的符号。再从也想解决这个难题的邻国那里偷来些横线呀、点呀、钩呀，再花一番功夫，居然创造出保存话语的系统方法来了。从此，只要听到别人嘴里说出某个音，就把它抓住，用具体的可读可看的音符记下来，过后本人看了，就能想起它的含义。后代子孙看了，也能明白。

字母是怎样从腓尼基传入希腊，后来是怎样经过罗马人改造后，改变形体刻在寺院和凯旋门上；日耳曼人又是怎样进一步完善，把它们刻在木头上，外观和古欧文十分相似。这一步步的进化过程十分有趣，可惜我没有更多的篇幅来详加描述。总之一句话，在西欧字母表的帮助下，我们几乎可以拼出所有在这个星球上的每一种语言的每一个发言。当然，这个字母表还不算完善。不过，可以很容易从近邻俄文里借个别的字母来用一用。无论如何，现在嘴里能发出的语音，总有相应的文字可以记载下来，直到永远。

这样，知识成了永不磨灭的无价之宝。

这样，我们一天比一天懂得更多。

这样，我们才敢期望，将来有一天，人人都充满智慧。

书面语，作为图画在心灵反映的一种形式，之所以能成功，完全取决于那些记录下来的原始素材。

埃及人曾把象形文字刻在墓道上和寺院墙壁上。但是当提尔城的商人把科林斯葡萄干和雅典月桂叶卖到迦太基的经纪人手中时，绝不能再用那么笨重的东西来充当计数单，必须有一种轻便东西，能放进行囊，装在船上，或是放在骡背上，能够轻松地携带。

一直领先于其他民族的中国人，再次证明了自己是发明之母。他们不负众望地发明了造纸术。中国人首先注意到一些植物的纤维可以制造成一种供书画用的原料。公元前13世纪，埃及人学会了这种方法，他们利用纸莎草（这种草在尼罗河畔很多）来制造纸张，替代寺庙墙和棺材盖来记载文字。腓尼基人见到后，又把这项技术偷过去，很快纸草制造业集中在腓尼基的迦巴勒城，希腊人把它叫作"比布鲁斯"。"比布鲁斯"一名就此沿袭下来。

但是要把思想用具体的形式记载下来，显然仅有纸张是不够的，必须要有一种东西能用来写出代表不同发音的符号。

罗马人就用小蜡板和铜制雕刻刀来刻字，他们觉得很满意。如果恺撒大帝请你去用餐，他会派女仆送去一封写在蜡板上的邀请函。但是在记载军国大事时，会用埃及的纸张和一种墨汁。这种墨汁源于埃及，很像油漆。中国人（我不得不再次提到他们）把炭和胶质混在一起，写出漆黑光亮的字。但是那些处于中世纪初叶（这一时期，人们对于人类的天生能力能否加强持怀疑态度）的可怜人，只好用铁胆和乌贼吐出的颜料混成不伦不类的墨水，凑合着用。直到15世纪的文艺复兴，人们才有了比较好的墨水和铅笔。

从此时起，写字已不再是学者们独享的权利，人人都可以舞文弄墨了。每个人有自己的想法时，就可以写下来保存。

一时之间，写作之风大盛，写得又快速而又热烈，连现在最普遍的自来水笔都出现了。写得多了，就嫌鹅毛笔尖不耐用，就开始找替代品。直到19世纪初，才找到合适的。这时候写字更是空前流行，人们有写不完的话，来相互告知。只恨笔尖转得太慢，无法满足他们的需求。机器时代来临时，就有人想把写字之事托付给轻便的机器，这样就可以免去抄写的烦恼，结束没完没了的笔头工作。于是，打字机应时而生，为备受写字之痛的白领们解了燃眉之急。用以前抄写10页的时间，现在能打30页，而且可以随心所欲地复印多个副本。

一个糟糕的管弦乐队的指挥，有很多方法能把好好的一篇乐章糟蹋了，但最致命的错误是错加重音的习惯。

史学家也容易犯同样的毛病。他们并不是有意歪曲历史，实在是自古相传，早已成为习惯，只好不断重复前人的记载，免得自己还要费力重新解释旧事。

讲到印刷术发明这件事，对15世纪的人来说，印象极其深刻，因为这就像是天上掉下来的馅饼。正当他们渴望书价降下来时，乐于助人的埃尔·古腾堡先生出现了，给他们带来了把一本书变成若干本的方法，而且每本都一样，这样人人都能买来读。自此，虔诚的史学家把埃尔·古腾堡颂扬为人类的一大恩人。

毫无疑问，印刷术是一项有意义的发明。不过可怜的老埃尔·古腾堡（我们都不忍心责备他曾要改名的想法）虽然费尽心力，自己却获益甚少。

但是印刷术这项艺术，应当是人类必然会出现的一项发明吧。这和其他人类天生力量的自行增强一样，一旦发展到一定程

海报

度,就会有质的飞跃。因此,只有急天下之所急、想天下之所想的人,才是真正的英雄,才值得后人敬仰。古腾堡也不过是比其他人明白得早些,也不过是把繁重的抄写工作转嫁给了机器而已,其他也没啥了不起的。

在古腾堡之前,第一个想要为人类解决这个难题的是谁?我们并不知道,也就无从谈起。

其实他到底是谁,住在哪里,是否还尚在人世,知道这些又有什么不同呢?

难道那些不知名的科学家就不值得后人的景仰吗?

如果老天有眼的话，也会为那些牺牲在战场上的无名战士们洒下热泪！他们丝毫不比那些保卫长城的勇士们逊色！

写这一章，既不是为了颂扬美因茨的珠宝商，也不是要赞美哈莱姆·塞克斯顿（他最有可能是活字印刷术的发明者）。其实，印刷术早在他们之前就已经出现，并不像我们所想的那么晚。

中国人最先用木版来印画。但是，这项技术到底有没有传到欧洲？如果有，那是在何时呢？这些我们都已经无从得知。不过，在13、14世纪，人们制作圣徒像时，事先要有一些本地艺术家们用木块雕出的图版，以它们为模板，再手工印刷，但这样太过烦琐。

随着学术氛围日趋浓厚，特别是15世纪愈演愈烈的商业竞争，文学作品不仅要快速印刷，而且要价廉物美。古腾堡和他的同人们为人们解决了这一难题，即以低廉的方式来印刷文字。古腾堡的印刷机在开始使用时就卓见成效，实例信手就可拈来。有一份商业文件，是延长债物空白书，就跟现在申请装电话机的空白书一样，需要复制几万份。要是全凭手写，要花上一大笔钱！这时，印刷机就发挥了巨大作用。

印刷机从来不会掩饰任何事情。它好比一张染着墨汁的嘴，吐出种种真实的新闻和娱乐信息。无论是睿智的，还是荒诞的，都一样自然地吐出，和人嘴里说出来的没两样。

这一类发明可能永远无法停止。不过，它可以清闲下来了，因为许多方面的工作会由另一张人造嘴巴——无线电来代劳。

无线电刚问世几年，它能为人类做什么？对人类又有怎样的影响？现在还很难预测。不过，它已经重现了嘴巴的荣耀，回归到权威地位。嘴是自由的（就跟手和脚一样），很难不胡言乱语，但这一切已经不重要。最重要的是，人类经过了4000年的发明，似乎又回到了原点。

刚开始时，人类是用自己的声带和邻居分享自己的见识。

然后，开始使用文字。

现在又用嘴巴来交流了。

区别之处在于，以前只能跟有限的几个人谈话，现在却能和几百万人对话。有时，又何止几百万人呢，甚至可以同时与全球的男女老少们说话呢！

这是不小的成就，而且前途一片大好呢！

既然当重大事件发生时，越来越多的人是在"聆听着"，可能有一天，嘴巴的另一种增强版——报纸也会淡出历史舞台。这可能会是极大的损失，毕竟在过去的100年里，小报一直发挥着举足轻重的作用。如今它逐渐转变自己的特色，开始为那些目不识丁、性格内向的人服务，扮演着图画书的角色。

其实，初期的报纸，报如其名。那些非常重要的消息，实在不放心交给那些街头公告员，于是就印在纸上，贴在商店的橱窗外，供普通大众观看。这些人也许还会走进店里买些烟叶，和店主讨论这些大事。

后来物价越来越受世界各地政治事件的影响，于是几家有魄力的报馆，开始在各国的商业中心派驻记者，随时收集这些地方发生的大事，每周定时寄回两三份重要报告。报馆接到这些报告后，就照样排版印刷出来，叫卖给那些能买得起报纸的少数几千人。

现在读者人数已经增加到几百万了。不过，一天之内发生的重大事件实在太少，不可能有足够的真实"新闻"来填满整整60个或70个版面。于是在剩下的版面，还得补上各种各样的新闻来娱乐大众。毕竟，现在的人们已经远离了那个过时而愚昧的年代，失去了观看绞刑或是溺死女巫的乐趣了。

这似乎挺遗憾的，特别是当人类的发展介于文明和无政府状态之间时，那些敢于在大众面前侃侃而谈的人就被视为异类。

不过，人们对此又无能为力。这也没有任何意义。无论今晚报纸上的新闻是多么骇人听闻，明天早上它还不是被扔在垃圾箱边，静静地等着收垃圾的到来吗？

这一章真是越拖越长了。不过，在结束之前，我还想介绍另一种新发明，它的功能也是为了保存知识的。

一张图画，就是用线条和颜色来讲述一件事，传达一种信息。如果我潜入海底，发现一种新型鱼类时，我可以用三种方式告诉世人。我可以用语言说出来，凡是熟习语言的人，自然能懂

照相机

得。也可以把这些声音转化成文字,在一张纸上用具有含义的黑白小符号写下来,凡是学过这些符号的人都能了解。最后,我还可以用铅笔或毛笔,在纸上画出这个多刺怪物的形状来,让人们真实体会我对这种鱼的确切感受。

早在人类知道眼睛能够看到事物之前,就已经明白消息也能传到耳朵里。

其实大多数孩子(小孩在受教育之前,多还处于蒙昧阶段)都先是经历乱涂乱画的阶段,再过几年,才能学会真正的读和写。人类在幼年时期,就像住在一个巨大的育婴室里,里面的墙上满是图画。

古代人充分认识到图画传达信息的价值。希腊人和罗马人只把写和读这两种技能教给少数需要的人，以及那些能够充分运用这两种技能的人。如果硬要一个一生都不会与他人有信件来往的农民，在孩童时期花上5年时间，坐在一个拥挤的教室里学习读写，然后只学会了写自己的名字，这对于那些固执的理性主义者们来说，不啻一大笑话——他们更愿意对牛弹琴！

中世纪时期，人们也有同样的想法，他们叫言语理解能力差的人去看画，从画上学到相应的知识。但是，随着受教育的人数不断增加，人们越来越想要了解更多的圣徒故事，以及老一辈人的丰功伟绩。于是，就要想办法借助机器的力量制造更多圣像，由此就有了木版印画。只要一块刻画好的木头，就可以印出两三千张画来。

如果仅限于虚构的图画或是虚构的事件，这个方法还是相当有效的。但它却无法解决那些科学难题，譬如要塑造《圣经》中的巴别塔，随便怎么画都可以，这样或那样没什么区别；但是瓶子里装的一个水母标本，或者人手臂上筋肉的形态，这可不能随便画了，画得不够精确，对于研究水母和人体解剖的学者，就毫无用处了。

不久，人们发现无论用嘴巴说，还是用笔写，都无法逼真地表现出实物的形态，不管有生命的实物还是无生命的实物。于是人们开始寻求其他可以把实物更准确地表现出来，并永久保存的方法。

人们经过长时间的尝试，却没有任何进展。在暗室里用透镜反光镜试验，虽然能在玻璃上映出倒像来，但只是暂时的，无法长久保存。光源一断，影像就立刻消失。

不过，差不多100年前，幸运女神终于眷顾人类，为我们这些不得其门而入的可怜人指明了一条路。法国人路易·达盖尔和尼塞福尔·涅普斯（后者是博学的天才，差点儿发明了汽车）早就开始摆弄若干种化学溶液，试来试去，试出有几种溶液能把物像摄在玻璃片上，但却无法"保留"这些图像。一天，达盖尔在无意之中把几张已经曝光的感光片误放在一个碗橱里，那里放着一瓶汞。

后来他惊奇地发现感光片上起了一种从未见过的变化。就此他开始了神奇的化学之旅，最后竟然发明了照相术，即"光影绘画艺术"。从此，我们可以在口述和文字描写外，配上精确的实物图像了。

这项新艺术迅速地广为传播，人们都把它看作是人类文明的一大进步。那时脱身于古老炼金术的化学工业，正处于蓬勃发展时期，他们也欣然帮助这些"光作家"。

爱迪生经过无数次的试验，终于发明了留声机。它可以保留人的声音，再把它播放出来。

有了它，讲故事和看图画可以合二为一，人们在听的同时又可以看图画。从此，无论什么人，说过或做过什么，都能够永久记录下来，并永远珍藏。

我们还有很多东西要学习。科学的探索道路，永无止境。

但是，在我看来，人类的嘴巴的确值得世人赞美——它以如此聪明的方式增强了自己的力量，向世界发布着或真实或虚假的消息。

## 06 桀骜不驯的鼻子

　　这一章会很短。鼻子是嗅觉的发源地，嗅觉能力好像并不容易增强。或许等到本书出版时，我会想起几十种相关的新发明吧，这些发明体现了人类要求增强嗅觉的愿望。不过，现在我怎么也想不出一种来。人类为何对这个具有无穷发展潜力的器官视而不见，我有点儿困惑。也许是人类发展到今天，唯有嗅觉没有退化，而其他器官都被娇生惯养了。

　　现如今，鼻子还能不能在人们的日常生活中继续发挥忠诚可靠的作用呢？对此我很是怀疑，不过人们并不太愿意承认这一点。多数人认为文明人一提起鼻子就有欠文雅。一听到有人谈到鼻子，就会不由自主地想到伤风流涕，或是勾起那段痛苦回忆，那时的人类和低等动物一样，都是要靠"嗅"来识别道路。嗅觉简直就是唯一的生路，一直嗅着过一辈子。如果暗示一个人，他的鼻子引导着他的公共行为，他一定会对你痛恨不已，这就跟当面直指"他是哺乳动物"一样的不中听。我最好还是跳过这个话题，或许再过1000年，人们会理智些，能够稍稍留意自己的嗅觉功能。在众多为增强人的器官功能做出重大贡献的发明中，遍寻不到鼻子的踪迹。可怜的鼻子，向外伸出，在那里嗅来嗅去，给了人类巨大帮助，却得不到什么回报。除了偶尔有块手帕擦拭一下外，它孤零零地站在那里，就像童话故事里的"灰姑娘"一样可怜。

最后一句话，可能会引起强烈的反对，特别是众多"小白领们"的抗议。他们就是白鼠中的G.H.O，是第一次世界大战的老兵。

"为什么呀？"他们抗议道，"人类鼻子的能力从来没有增强过？那我们又算什么呢？我们和那些在12年前无情地被赶到战壕里的金丝雀们又算什么呢？我们那些可怜的无辜枉死在战场中的曾曾曾……祖父们又算什么呢？他们原本可以不必死去，只要协约国的士兵能侦察到德军的致命毒气。他们难道没找到能够取代鼻子的替代品，反倒让鼻子更加无法胜任自己的工作吗？更加可气的是，现在还要让我们来收拾这个烂摊子！"

答案是肯定的。但是，不幸的白老鼠、金丝雀和警犬并不是人类的发明物。他们属于一个和我们一样古老而备受尊敬的家族。不过，毋庸置疑的是，这些所谓的低等生物都扮演了极其重要的角色，值得人类回报。

希望它们在乐土的圣地会比在法国的牧场更幸福！

## 07 用心倾听的耳朵

耳朵跟鼻子一样，在自身能力增强方面并没什么丰功伟绩。不过，比鼻子要强一些，毕竟有些发明是专门为了提高人的听力。这些发明大多是最近才兴起的，包括人造耳也是如此，它们可以帮助人们觉察到远处飞机的螺旋桨声，这种声音单靠人耳是听不到的。随着航空业的不断发展，人们越来越关注倾听远处的声音。但是，直到十多年前，我们才开始注重聆听的深度，而不只是聆听的广度。与耳朵相关的发明最初的目的都是为了扩大倾听的广度。

当然，把电话和无线电都放在本章讨论，未尝不可。典型的例子是，扩音器也可以作为增强版的耳朵。不过，我认为，科学地说，它们还是应该属于嘴巴的范畴。它们的主要目的还是要把声音传到远方。

因此，说话的一方，也就是嘴巴被无限地增强了，而耳朵作为普通的聆听器官并没有发生改变。我觉得这样说并没有明显的错误。在这里，也就介绍几种直接增强人们听力的发明。

水是传递声音很好的导体，所以最初是由航海家发现了多功能耳朵的价值。诺尔斯人好像已经知道，只要敲打沉在水下的木船舷时,声音就可以传得很远。远处的人把耳朵也贴在水线几尺下的船舷板上,可以听得很清楚。甚至于今天,在北大西洋还有几个地方用这个方法来报警通信:当几艘航船遭遇大雾时,要彼此照应,不致距离太远,就通过敲打船舷来交流。

但是,远洋的大轮船不能用这种幼稚的方法。

它们装有各种电力装备,替代人手和人眼,发挥了重要作用,像测量水深、探测暗礁和测探离陆地的距离等。

在陆地上自然用不着这些装备,即便使用,在城市熙熙攘攘的嘈杂声中也起不了什么作用。至于医生看病时,静坐在一室,

古代水下信号

耳朵上戴上听诊器,也能察觉出人体中异样的声音。这些声音原来是看不到也摸不着的。真心希望在这方面能有更大的进步,让人们可以更多地受益。

听诊器

当然,也许还有一些我并不知道的装备,完全是为了提高人们的听力。可能恼怒

现代水下信号

的读者要开始以熟悉的开场白攻击我："就连白痴也知道那个……"诸如此类的。也许到那时我才知道吧。

但愿不会有人搬出录音机之类的设备来，怎么说呢，这种高级的侦查用机并不适合在本书出现。我知道在侦探电影中它一直扮演重要的角色，正是在它的帮助下，破获了许多阴谋，使很多伪君子无所遁形。但是，不知怎的，对于记载人类进化史的本书来说，它看起来并不合适。

## 08 无所不在的眼睛

有些知名医生坚持认为人的眼睛是最不中用的，在人类所有器官里，它是最笨拙的。对此我不想做太多评论。他们还认为任何一个高等光学仪器制造家，都能做出替代眼睛的代用品，为人类做出更大的贡献。对此我更不愿意多说什么。

这些科学性的闲言碎语（如果是真实的）相当有趣，不过，它们并不在本书讨论的范围内，所以就此打住。

试想一下，人类的祖先睁着双眼茫然地看着天空发呆的样子，他一定在猜想天空究竟是怎样的。

他当然明白眼睛的作用，正是通过双眼，他能够看到视线范围内的事物。

他肯定知道，"观察和辨识的能力"来自位两端睁开的两个小圆球，正是靠着它们才能找到野兽的踪迹。而凭借着嘴，他可以吞咽食物，可以在危急时刻向同伴发出求救信号。

究竟什么是观察能力，他可能并不比50万年后的我们了解得更多。但可以肯定的是，人们正是通过头的正前方那两个圆球才能看到东西。因为只要把眼睑闭上，

▲ 点灯人

立刻什么也看不到。

还有脸被虎爪或熊爪抓伤的那些人,眼睑垂下来遮住了眼珠,根本看不到路,连累别人跟着担惊受怕,只有把他们杀掉,才能保全其他人。

他应该还会观察到另一件事,那就是每当太阳落山时,在他嘴和鼻子上方的那两个小圆球就什么也看不到了。

有些动物能在夜间视物,可惜人类没有这种特殊的能力。所以天色一暗下来,他们就不得不躲到洞穴或任何一个栖身之地,静待第二天早晨的第一线曙光。

但是不久，人们就发现可以用柴火或是人工取火的方式来照明。到这时，黑夜不再像以前那样可怕了。

后来，人们开始用火把来武装自己，在夜里更有恃无恐了。只不过火把有许多缺点，虽然在发明史上占有重要地位，但也只是一个开始。从此，人们尝试用不同的东西来燃烧，只要有一点可燃性，都不肯放过。试了很久，终于知道，要用纤维成分多的材料，浸泡在油里，才能久燃不息。

就这样，希腊的旧式火把演变为现代的灯。

荷马时代的英雄们，大摆庆功宴时，仍以星星火把为点缀。但是400年后，神殿里换上了小油灯。星星点火，另有一番柔和意境。再过100年，油灯已经相当普及，不管是配备齐全的家庭，还是远在地下的矿井中都在使用。那些在地底下开矿的苦工们，就着几盏铅制或铁制的手提油灯那闪烁不定的微光，一锤一锤地开采着煤和铜。

乌烟瘴气而又油腻的油灯，足足用了近1000年，为人们照明。慢慢地油灯改变了形状，再逐渐变成了蜡烛。蜡烛其实还是油灯，只不过是由油换成固体的动物脂而已，灯芯依旧裹在里面。

12世纪时，在人造"白炽灯丝"的照亮下，人们穿越了阿尔卑斯山脉。在13世纪中叶，这种发明已经相当普遍了。在接下来

油灯 ▲

的几百年里,它们成为人们对抗黑暗的唯一帮助。

在此期间,人们一直寻找其他的原料来代替动物脂。最终发现了蜜蜡,但是它太过昂贵,除了大教堂和宫殿,谁也点不起它。

即使是这样,点上蜜蜡,能见度也就几平方米而已。后来生活条件进步了,越来越多的人想要迟睡些,就想要寻求更好的替代品来对抗难熬的夜晚。

这时,正好有人利用史前储藏的天然能量,让上百架机器开始转动。照明的问题,也相应地迎刃而解了。不过解决这个问题与转动机器有些不同。2500年前,希腊物理学家已经完全了解这

油灯

些物质，它们无色无形，也无一定体积。但是他们对这些物质充满疑虑，认为它们极其神秘，可能会百害而无一利，所以就不愿意做进一步研究。

中世纪时期的炼金术士们，称这些物质为"元气"、"灵气"或是"精气"之类的。他们认为这种物质会带来真真切切的福气。他们利用这些气所产生的火焰，从那些倔强对抗的人身上诈骗钱财。有位江湖老骗子专做所谓的"发射物"，做得相当成功。有一天无意中生成了一种东西，就是今天的二氧化碳。他很是得意，把它奉为无上的宝贝，并冠以一个崭新而响亮的名字。这个名字出自于希腊语"混沌"一词，就叫"煤气"。

这个名称沿用到现在，虽然开创者范·赫尔蒙特本人已被世人淡忘。但是，当我们现在说起"煤气"，主要还是指煤里蒸馏出来的可燃气体。17世纪时，就有人发现煤气是可燃的，不过那时有点儿超前。当时江湖卖艺人把煤气灌装在猪囊里，变戏法

点灯人

玩。普通人对煤气却很害怕，认为那是从地狱冒出来的毒气。怎么能引火到家呢，那岂不是自寻死路？

　　法国大革命时，军方开始使用热气球。有个比利时物理学家试着把煤气装进大纸袋，代替热空气。他大规模生产了大量的煤气，除了用于军用航空外，其他就用来照亮自己的房间。不过，人们对于他这种把黑夜变成白昼的努力尝试却不赞成，很是不以为然。直到拿破仑战争结束后，普通人才敢放心大胆地使用煤气来照亮房间和街道。即便是此时，仍有成千上万的人抵制这项新发明，他们还得到了基督教会一些权威人士的热诚支持。

眼镜

  这些来自教会的权威人士有多种理由来反对这项新的照明系统。其中最核心的是，他们拿《圣经·创世记》的相关篇章来说事。在《圣经·创世记》中，详细叙述了上帝是如何创造了白天和黑夜。

  由此，他们得出结论，上帝既然已经决定了人们在夜晚无法视物，如果有人恣意更改上帝的旨意，分明是目无宗教，实在是胆大妄为，等等。

  至于科隆城禁止在街道上使用煤气灯的借口就更加离谱了，硬说点煤气不仅违反基督教的教义，而且是不爱国的行为。他们这样解释道，那些点燃煤气的城镇居民无法再感受到节日里的张灯结彩，而没有这种热烈的张灯结彩氛围，人们就无法迸发出强烈的爱国热情，激不起对王朝统治的敬畏之情。

  今天看来，这些借口简直是荒谬至极。现在全世界都已经用煤气代替了烛光。在人们把煤变成电力之前,它一直是最重要的照明方式。当电灯发明后,一个普通市民,只要懂得按开关器,就能点亮整座城市。

至于现代城市是否可以如此明亮——这又是另一个问题了。不过,事情可以解决,而且就在此时。

最终,人类的眼睛还是脱离了黑暗的诅咒,可以自由地做自己想做的一切事情。在这种突然获得的自由之下,人们开始滥用这种新自由,养成了不良习惯。原本人的眼睛一天最多在白天工作七八个小时,此时却通宵达旦地看书。可怜的眼睛不堪忍受这样的虐待,很快就元气大伤,视力开始下降,眼睛开始流泪。对

探照灯

放大镜

于那些把一天的大部分光阴都花在读书写字上的人来说，必须想办法来保护和增强他们的视力，于是，"眼镜"就应运而生了。

一般认为是罗吉尔·培根发明了眼镜。究竟是不是他，我们也无从得知。培根是13世纪少数具有独立意识的思想家之一，所以后人把1214年到1294年间一切新事物的出现都归罪于他。而且，在很长一段时间内，眼镜确实也没多大用处，一直被视为奢侈品而不是必需品。

因此，它既是人的帮手，也是一种障碍，但仍有数以千计的人在使用。毕竟每个人都有虚荣心。在那个95%的人都目不识丁的年代，在鼻子上架副眼镜是相当时髦的。他们常常在那些买不起眼镜的穷人面前得意扬扬地炫耀："天哪，你们看我读书多年，都把眼睛看坏了！"

这种普遍存在的势利心理和妄自尊大的行为，引起了世人对眼镜的偏见，直到最近才有所缓和。

因为到处都有这种虚张声势的恶心行为，所以到处都有人看不起戴眼镜的，直到最近才算好了。

那时戴上两片打磨过的水晶，总会引起别人的嘲笑，让人觉得太过矫揉造作，不是正人君子所为。海因里希·海涅在收到魏玛的神谕去谒见歌德之前，就被提醒，如果不把眼镜拿掉就不要

希腊天文学家

望远镜

出现在这位伟人面前。

言归正传,接下来我们要谈论人类为了延伸自己的视力做出的巨大努力,就此把视力范围延伸到了自然界最隐秘最难触及的地方。

电力为人类发明"千里眼"创造了条件,这个"千里眼"就是探照灯,无论是在海上还是在空中,不管是晚上还是白天,都一样有用。不过探照灯一直和战争紧密联系着,除了军事上的用途,和平岁月中倒没有什么特别用处。另外还有两种增强版的

"眼睛"，实效性要大得多。

除了人类生活的地球外，还有广阔的天空。但是，人类一直困在这个小小的星球上，非常渴望能看看其他的天体是什么样子的。

不过，人类最初只能依赖眼睛来研究星星。巴比伦、埃及和希腊的天文学家们，不是有着极强的视力，就是观察力超级精确。因为，他们的判断总是十分准确的，他们看到什么，就是什么。

当然他们的视力范围有限，仅靠肉眼的他们不可能随心所欲地看，不能像我们现在有了相关人造仪器后那样。

学识渊博的培根不只发明了眼镜，还曾经描述过一种制造望远镜的方法。他自己是否曾做出来把玩过，已不得而知。毕竟，他非常繁忙，而且有很多年他太穷了，实在无力支撑昂贵的光学试验。

无论如何，直到培根去世的400年后，望远镜的发明才有了起色。这时宗教改革的热潮已经平息，人们有了空闲，也有了自由，可以沉浸在科学世界的思考中了。与此同时，那些小船们也敢远涉重洋，到世界七大洋去做买卖。船员们盼望能有一件设备帮助他们眺望远方。

最终，低地国家荷兰的居民发明了望远镜。这并不奇怪，因为荷兰人最爱航海，他们已经把航海学提升到一门艺术的高度。

望远镜从荷兰出口，远销欧洲各地。当伽利略也得到一个

显微镜

后，他用它与圣方济各会会长的法令做抗争。那时，培根被禁止继续在应用物理学上的危险研究。伽利略自己制造了一个望远镜（与我们现代的天文望远镜相比，只能算是小孩的玩物），把天空扩大了几万里，所有的旧观念，像是地球的地位，与其他姐妹行星以及那个燃烧的小火球——太阳之间的关系，都被彻底推翻。

至此，人们关于宇宙的看法发生了天翻地覆的变化。

从公元元年起，人们就习惯了旧学说，耳濡目染，早已根深蒂固，不愿轻易改变。大多数人都把伽利略和他的志同道合者看作危险的激进分子，认为他专门口出狂言，诱惑年轻人，所以一定要严禁他四处讲学。

然而，最后还是人类天生的好奇心战胜了。人们继续研究延伸远眺的方法，终于制造了现在通用的超大望远镜。在这些发明的帮助下，人们即使无法确定自己在宇宙中的位置，但至少知道自己将何去何从。

现在有些人在更深入地研究如何让人们的视野更广阔些，还有些人则在努力找寻让人看得更细致些。很快人们就发现，在我们的肉眼能见之外，还存在一个世界。

这个世界是由极小的生物组成，小到肉眼根本看不到，必须凭借一种仪器才能看得清楚。

希腊人最初在这方面有所猜疑。不过，他们没有适当的透镜，这些怀疑无法得到证实。

古代人要想放大所看的事物，只能把一个装满水的透明球体当放大镜用。这是远远不够的。

不过，透镜问世后，人们就踏上了研究的坦途。经过长达400年的试验，直到17世纪初叶，一个叫列文虎克的荷兰人把几块透镜拼在一起，制成了新仪器，观察到了真正的细胞。

人们猜测了几千年的微生物，终于在世人面前露出了真面目。

这个新仪器叫作显微镜。最初的显微镜当然是极其简单，不过很快就大大改进。50年前，我们终于看清了几种最凶恶的敌人，那就是细菌。不过，我们能看到的种类还很少。有些恶毒的病菌，在最强的显微镜下都看不见。

不过，那些光学仪器的制造商有足够的细心和耐心。相信1000年后，他们必会给人类带来惊喜。

在伦琴教授发明的"X光"的帮助下，我们能够"看透"人体。这样一来，这个世界的万物似乎都无所遁形了。生存问题也就是简单两个词语："勇敢"和"耐心"。

就此结束吧。